电解锰渣高温转化与资源循环利用技术

High-temperature Conversion and Resource Recycling Technology
of Electrolytic Manganese Residue

刘作华 刘宁 陶长元 郑国灿 著

重庆大学出版社

内容摘要

锰是国家重要的战略资源，主要用于钢铁工业。电解锰生产属于传统的湿法冶金行业，锰系产品供应链直接关系着国家战略发展，对电解锰生产过程中产生大量锰渣的高效利用是产业可持续发展的关键。本书旨在提炼作者多年来在电解锰渣高温转化、分离、资源循环利用工艺和装备的研发及工艺生产管理经验，结合现有电解锰行业技术发展趋势，总结了近几年电解锰渣高温转化与资源循环利用技术，具体介绍了电解锰产业发展概述、锰渣资源化利用研究现状、回转窑协同处置锰渣工艺研究、烧结渣资源化利用技术、煅烧烟气净化技术、煅烧烟气资源化利用。本书可作为高等院校、科学研究和湿法冶金企业废渣处理的参考书，也可供从事电解锰渣研究的技术人员和管理人员参考。

图书在版编目(CIP)数据

电解锰渣高温转化与资源循环利用技术／刘作华等

著. -- 重庆：重庆大学出版社，2023.6

ISBN 978-7-5689-3865-5

Ⅰ.①电… Ⅱ.①刘… Ⅲ.①电解锰—锰渣—废物处

理 Ⅳ.①X756.05

中国国家版本馆 CIP 数据核字(2023)第 093461 号

电解锰渣高温转化与资源循环利用技术

DIANJIE MENGZHA GAOWEN ZHUANHUA YU ZIYUAN XUNHUAN LIYONG JISHU

刘作华 刘 宁 陶长元 郑国灿 著

策划编辑：杨粮菊

特邀编辑：涂 昀

责任编辑：杨粮菊 版式设计：杨粮菊

责任校对：谢 芳 责任印制：张 策

*

重庆大学出版社出版发行

出版人：饶帮华

社址：重庆市沙坪坝区大学城西路 21 号

邮编：401331

电话：(023)88617190 88617185(中小学)

传真：(023)88617186 88617166

网址：http://www.cqup.com.cn

邮箱：fxk@cqup.com.cn(营销中心)

全国新华书店经销

重庆升光电力印务有限公司印刷

*

开本：720mm×1020mm 1/16 印张：14.5 字数：208 千

2023 年 6 月第 1 版 2023 年 6 月第 1 次印刷

ISBN 978-7-5689-3865-5 定价：98.00 元

前　言

锰在国民经济中具有十分重要的战略地位。我国已成为世界上最大的电解锰生产国、消费国和出口国。随着电解锰行业的迅猛发展,锰渣资源化利用问题日益突出。"锰渣是一种放错了地方的资源",可通过各种途径和方法对其进行回收或重新利用。这不仅可以带来显著的环境效益和社会效益,还可为电解锰企业带来良好的经济效益。因此,如何对电解锰行业产生的废渣进行资源化利用,成为了研究的热点,也是行业迫切需要解决的问题。

近年来,国家对资源综合利用和环境保护越来越重视。电解锰渣处理技术是实现电解锰行业可持续发展的基础和前提。在国家科技项目支持下,作者课题组针对回转窑协同处置锰渣及烧结渣资源化利用技术工艺复杂的难题,开展了生产过程中的工艺调控,生产后的烧结渣和煅烧烟气的利用技术等研究,突破了电解锰渣高温转化及资源化利用技术,构建了资源节约型、环境友好型和批量化处理的工艺路线。

本书是一本内容丰富、系统性较强的专著,对电解锰渣高温转化及资源综合利用具有一定的指导意义。本书共分 7 章,内容主要涵盖了电解锰产业发展概述、锰渣资源化利用研究现状、回转窑协同处置锰渣工艺研究、烧结渣资源化利用技术、煅烧烟气净化技术、煅烧烟气资源化利用以及展望等方面内容。

参与整理本书资料的人员有孙苗佳、刘龙、曾俊、孙雪松、张迎春、张骞等研究生。宁夏天元锰业集团有限公司石砚、沈天海、宋正平、马立华、杨文梅等企业工程技术人员对本书的编写提出了宝贵的建议和意见,在此表示衷心的感谢!

本书由国家重点研发计划项目"低品位碳酸锰矿锰渣全过程控制与资源化利用技术"(2022YFC3901200)、中央高校基本科研业务费项目"混沌电解强化节能减排与智能装备研发（2022CDJQY-005）"、国家重点研发计划"大气污染成因与控制技术研究（2018YFC0213405）"和宁夏回族自治区"青年拔尖人才工程"资助，在此表示感谢。

本书可作为高等院校、科学研究和湿法冶金企业废渣处理的参考书，也可供从事电解锰渣研究的技术人员和管理人员参考。

由于学识水平有限，书中不足之处在所难免，恳请广大读者批评指正。

编　者

2022 年 10 月

目　录

第1章 电解锰产业发展概述

1.1 资源状况

1.1.1 全球锰资源储量及分布情况

锰是地壳中含量排名第 12 位的元素(0.096%),一般为沉积型矿床。最常见的矿物是软锰矿,其主要成分是二氧化锰(MnO_2)。锰还存在于粉色菱锰矿石($MnCO_3$)、褐锰矿($MnSiO_3$)、黑色锰矿[$MnO(OH)$]和辉石(MnS)中。世界锰矿资源总量丰富,但全球锰矿资源分布不均匀,陆地锰矿床主要集中在南非、乌克兰、加蓬、巴西、印度、澳大利亚、中国和墨西哥等国。已探明全球锰矿储量约 13 亿吨,其中南非 5.2 亿吨,巴西 2.7 亿吨,澳大利亚 2.3 亿吨,乌克兰 1.4 亿吨,占全球储量 89.2%,中国 5400 万吨,占全球储量 4.2%,主要分布在贵州、广西、湖南、云南、新疆等地。世界高品位锰矿(Mn≥35%)资源主要集中在南非、澳大利亚、巴西和加蓬。此外,大洋底部还以锰结核的方式蕴藏了约 3 亿 t 锰资源。

1.1.2 国内资源

我国锰矿主要分布在广西、湖南、重庆、四川、贵州、辽宁等地,锰矿资源中碳酸锰矿占56%、氧化锰矿占25%、其他类锰矿石占19%。其中80%锰矿矿床分布面广,呈多层薄层状、埋藏深、不易开采。适合露天开采的储存量只占全国总储存量6%,品位低组分复杂,高磷、高铁以及含有伴(共)生金属和其他杂质,开发利用条件差。根据《国际锰协EPD会议年度报告(2022年)》,国内电解锰五大企业生产情况见表1.1。

表1.1　国内电解锰五大企业生产情况

企业名称	年产量/万t	开工率/%	年产能/万t
中锰(湖北)科技发展有限公司	1.43	20.4	7.00
贵州武陵锰业有限公司	3.82	34.7	11.00
阿克陶百科邦锰业有限公司	6.77	45.1	15.00
南方锰业集团有限责任公司	9.55	47.8	20.00
宁夏天元锰业集团有限公司	29.1	36.4	80.00

1.1.3　电解锰产业

锰在钢铁生产、化工、油漆、电池等行业中发挥着重要的战略作用。目前,以锰矿石为主要原料生产的锰合金中,约95%被用于炼钢行业的脱氧剂、脱硫剂和合金添加剂。电解锰生产技术由美国矿业局在20世纪30年代开发成功,30年代末开始规模工业生产。随后日本、德国、南非等国家相继生产金属锰。中国电解锰产业起步较晚,于1956年开始。经过60多年的发展,我国已成为电解锰的生产大国,电解锰生产企业有200多家,产能超过240万t,占全世界产能的98.9%(图1-1)。然而,电解锰生产是一个高能耗、高消耗、污染重的行业,部分发达国家因环境影响已于21世纪初全面停止生产金属锰。金属锰工业生产方法主要有火法和湿法两种,火法生产金属锰纯度低(95%～98%),湿法生产金属锰纯度高(>99.7%)。

图 1-1　电解锰产品图

电解锰技术不断发展完善,浸出工艺由高温浸出改为常温浸出,降低了能耗。在低品位菱锰矿利用方面取得了较大的突破,在氧化除铁工艺中,部分企业开始使用空气和 H_2O_2 氧化代替软锰矿,降低了生产成本并改善了操作环境,电解工序合理缩短了同极距,降低了直流电耗,部分企业开发并使用了新型无硒电解添加剂和无铬化钝化工艺,提高了产品质量并有利于环境保护,工艺设备也有较大的改进。目前,我国电解锰行业整体技术水平依然不高,资源利用率低、产品质量低、生产成本高、设备大型化不够,生产过程自动化水平不高。大部分企业仍以手工操作为主,工人劳动强度大、劳动条件差,工艺参数调控难以达到最优化。

电解锰工业是一个资源、能源消耗高,污染大的工业行业,尽管近几年来技术水平有所提高,环境保护工作有所加强,但电解锰生产企业在生产过程中对环境造成污染依然严重,对周边的地表水、地下水、河流底泥、土壤造成严重污染。

我国电解锰主要以菱锰矿(碳酸锰矿)为原料,经过磨矿成粉、硫酸与碳酸锰反应制备硫酸锰溶液,再经中和、净化、过滤等工艺制取电解液,加入添加剂(二氧化硒、二氧化硫等)进行电解制备金属锰。在电解槽中合格液经电解在阴极表面得到金属锰,阴极板钝化、冲洗、烘干最后经过剥离得到金属锰,打包得到成品。电解锰工艺流程图如图 1-2 所示。

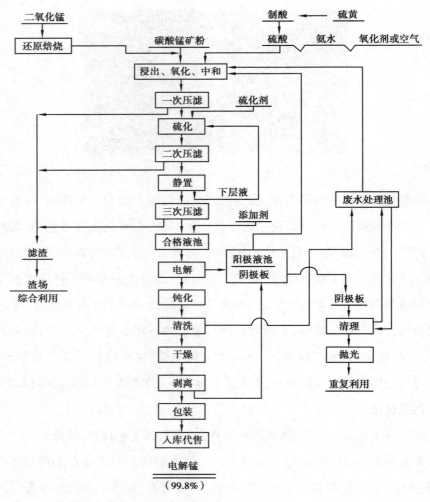

图 1-2 电解锰工艺流程图

（1）锰矿浸出

对锰矿进行物理机械处理、研磨筛选、加酸浸矿后锰以二价形式进入浸出液。浸矿过程会伴随产生金属杂质离子。反应主要方程式如下：

$$MnCO_3+H_2SO_4 \longrightarrow MnSO_4+H_2O+CO_2 \tag{1-1}$$

$$MO+H_2SO_4 \longrightarrow MSO_4+H_2O （M 代表 Fe、Co、Ni、Mg 等杂质离子） \tag{1-2}$$

（2）净化除杂

无论矿石品位高低，锰矿石中都会有一些常见的金属离子进入合格液。合格液中的一些杂质元素不仅会增大电耗，还会导致沉积的锰发黑、降低产品纯度。在锰的浸出过程中有部分的二价铁、三价铝进入浸出液中。目前，工业上除铁采用氧化中和法，通常是通入空气或加入软锰矿为氧化剂，将 Fe^{2+} 转化为 Fe^{3+}。再加入氨水调节 pH 值到 $6.5 \sim 7.0$，Fe^{3+} 水解沉淀，压滤除去，同时大部分杂质金属离子也水解沉淀。氧化中和除铁机理反应式如下：

$$4FeSO_4 + O_2 + 2H_2SO_4 \longrightarrow 2Fe_2(SO_4)_3 + 2H_2O \qquad (1\text{-}3)$$

$$Fe_2(SO_4)_3 + 6H_2O \longrightarrow 2Fe(OH)_3 \downarrow + 3H_2SO_4 \qquad (1\text{-}4)$$

$$MSO_4 + 2H_2O \longrightarrow M(OH)_2 \downarrow + 2H_2SO_4（M \text{ 代表金属杂质离子}） \qquad (1\text{-}5)$$

（3）硫化除重金属

酸浸后经氧化除铁，溶液中仍有重金属未去除，主要采用硫化沉淀法去除重金属离子。目前，工业生产使用较多的有机硫化剂是福美钠（SDD）和无机硫化剂（NH_4）$_2$S。硫化剂与重金属离子 Co^{2+}、Ni^{2+}、Cu^{2+} 等在 $50 \sim 60$ ℃下，反应 1 h 压滤实现固液分离。一般滤液静置 24 h 后溶液中杂质浓度可降低到电解要求。硫化除重金属机理反应式如下：

$$MSO_4 + RS \longrightarrow RSO_4 + MS \downarrow （M \text{ 代表重金属离子；R 代表硫化剂}） \qquad (1\text{-}6)$$

（4）除钙镁

电解锰工业生产中，为了遵循节能减排和环境保护的政策，废水都返回生产循环利用，基本上实现生产废液的"零排放"。碳酸锰原矿中镁含量约占 2%（以 MgO 计算），大部分镁在浸出工序溶出，而电解锰生产浸出工序使用的浸出溶液是循环使用电解锰电解工序产生的阳极液。因此，随着循环使用次数的增加，溶液体系中的 Mg^{2+} 不断累积，体系中的 Mg^{2+} 浓度可累积达到 30 g/L 以上，相当于 $MgSO_4$ 浓度达到 150 g/L 以上。溶液体系中 $MgSO_4$ 含量的增加给生产带来了很多困难。例如降低锰的浸出率、增大电解液的黏度和密度、增加电耗、影响锰产品的纯度和品质并堵塞管道。当不断有镁离子累积，溶液体系处于一种不稳定的饱和状态时,随着温度降低(冬天比较明显),在电极、设备和管道中不规则地析出结晶,给操作带来了很大的困难。尤其在过滤工序中滤布的滤孔经常被结晶堵死,严重影响过滤速度;还有在电解工序中,合格液高位槽的自流管时常被结晶堵死,不仅增加槽面工的作业,而且影响正常生产。近年来,基于硫酸镁给锰的生产带来的问题,不少研究者提出了一些电解锰电解液除镁的方法。Zhang 等研究了 Mn^{2+}、Mg^{2+}、NH_4^+//SO_4^{2-}-H_2O 的液相平衡行为,研究表明在 25 ℃下硫酸铵更倾向于与硫酸锰和硫酸镁形成复盐如 $MgSO_4 \cdot (NH_4)_2SO_4 \cdot 6H_2O$ 和 $2MnSO_4 \cdot (NH_4)_2SO_4$。在 50 ℃和 100 ℃下,硫酸镁和硫酸锰能形成固溶体,但其复盐的相区明显且随温度变化显著。例如 $MgSO_4 \cdot (NH_4)_2SO_4 \cdot 6H_2O$ 在低温(25 ℃)下占据了最大的相区而 $2MnSO_4 \cdot (NH_4)_2SO_4$ 在高温(75 ℃和 100 ℃)下占据了最大的相区。此研究为后续电解锰工业通过温度分离锰、镁提供了理论支持。袁飞等研究了蒸发结晶法分离硫酸锰溶液中的锰和镁,结果表明:温度升高至 140 ℃,搅拌速度为 40 r/min,反应时间 50 min 时,溶液中锰的结晶率为 81.05%,溶液中残留的 Mg^{2+} 达到 67.58%;Helen 等也对 $MnSO_4$ 溶液中 $CaSO_4$ 的溶解性进行研究,研究显示当温度小于 80 ℃时,$CaSO_4$ 的溶解度随着溶液中硫酸浓度的增加而增加,但是锰浓度的增加会导致其溶解性降低。因此,在理论上可以通过提高溶液中 $MnSO_4$ 浓度而抑制 $MgSO_4$、$CaSO_4$ 在溶液中的溶解量以达到除钙、镁的目的。另外,镁、钙离子容易和一些阴离子(F^-、$C_2O_4^{2-}$)等反应生成难溶物沉淀。苏莎等利用氟化锰和氟化铵作为沉淀剂去除硫酸锰溶液中的钙、镁离子,氟化铵用到一定量时钙、镁离子的去除率可达90%。Alexandre 等研究了 D2HEPA 和 Cyanex 272 萃取剂从浓缩硫酸锰溶液中萃取钙和镁的过程。以 D2HEPA 为萃取剂进行 1 次萃取,Ca^{2+} 的萃取为 98.6%([D2HEPA]=0.3 m,pH=3,50 ℃,A/O 比=2)。再使用 Cyanex272 作为萃取剂进行第 2 次萃取,将溶液中的 Ca^{2+} 除尽再进行第 2 次萃取,其中 Mg^{2+} 的萃取率达到 99.5%([氰化物272]=0.32 m,pH=5.7,50 ℃,A/O 比=1)。

（5）电解

由于锰是高负电势金属（$Mn^{2+}/Mn = -1.18$ V vs. SHE），电解锰工业上采用中性 $MnSO_4-(NH_4)_2SO_4-H_2O$ 阴极液进行隔膜电解，电解过程中必须调铵和添加抗氧化剂。阴极附近存在 H_2 析出和电沉积锰的竞争反应。电解体系中的硫酸铵主要有两个作用：一是提高溶液电导率从而减小溶液的电阻，降低电池电压，降低能耗；二是与锰离子形成锰铵络合物，锰铵络合物是良好的缓冲剂，可防止在中性或弱碱性溶液中阴极表面沉淀 $Mn(OH)_2$ 和氧化物。

阴极：

$$Mn^{2+}+2e^- \longrightarrow Mn \tag{1-7}$$

$$2H_2O+2e^- \longrightarrow H_2+2OH^- \tag{1-8}$$

阳极：

$$2H_2O-4e^- \longrightarrow O_2+4H^+ \tag{1-9}$$

$$Mn^{2+}+2H_2O-2e^- \longrightarrow MnO_2+4H^+ \tag{1-10}$$

总反应式：

$$2Mn^{2+}+2H_2O \longrightarrow 2Mn+4H^++O_2 \tag{1-11}$$

直流电耗是构成生产成本的主要标准，电解锰中电耗是电解生产中一项综合技术指标，可用公式（1.1）表示：

$$W_{电耗}=\frac{V\times10^3}{\eta\times C} \tag{1.1}$$

式中　$W_{电耗}$——电解 1 t 锰直流电耗，$kW \cdot h/t$ Mn；

　　　V——槽平均电压，$V_{平均电压}=V_{工作电压}+V_{线路分摊电压}+V_{效应电压}$；

　　　η——电流效率，%；

　　　C——锰的电化学当量，$C=1.025$ g $\cdot (A \cdot h)^{-1}$。

电流效率是指电解过程中生产 1 t 锰理论上所必需的电能与实际上消耗的电能之比。

金属锰电流效率=

$$\frac{阴极\ Mn\ 质量(m)\times1\ 000}{电流(I)\times电解时间(t)\times Mn\ 电化学当量(C)\times电解槽数(n)}\times100\% \qquad (1.2)$$

1.2 电解锰技术研究进展

电解锰工艺仍然处于能耗高、电解效率低、产生的锰渣和废水污染环境的现状,制约了电解锰节能减排的发展。针对以上问题,研究者对电解锰电极、电解液的净化、降低能耗等做了大量的研究和分析推动电解制锰工业的发展。

1.2.1 电解液

有研究者提出锰铵络合物在阴极上放电并吸附,提出反应步骤:

①脱去配位体。

②放电形成吸附态的 M_{ads}^{+} 放电后并进入晶格形成金属锰。

氨的脱附:

$$NH_3+Mn^{2+}\longrightarrow Mn(NH_3)^{2+} \qquad (1-12)$$

$Mn(NH_3)^{2+}$ 络离子在电极 M 吸附及放电的过程:

$$Mn(NH_3)^{2+}+2e^-+M\longrightarrow Mn(NH_3)M \qquad (1-13)$$

锰进入晶格过程:

$$Mn(NH_3)M\longrightarrow(NH_3)MnM \qquad (1-14)$$

氨的电极脱附过程:

$$(NH_3)MnM+n(NH_3)MnM\longrightarrow(n+1)MnM+(n+1)NH_3\uparrow \qquad (1-15)$$

Yang 等研究了 NH_4^+ 对氢气析出和锰沉积的催化作用。NH_4^+ 的放电反应能强化析氢动力学,而 NH_4^+ 的放电反应可通过增加硫酸铵的浓度和过电位进行催化。由于电解锰使用硫酸铵-氨水体系电解,电解后会产生大量的含氨废水,污染环境,后期处理麻烦。近年来,离子液体因其溶解能力强、离子传导性很高、电化学窗口高、热稳定性强、不易腐蚀设备等优点。有研究者提出离子液体用于湿法冶金的可能性。已有研究者成功利用氯化胆碱离子液体沉积锰薄膜。但目前离子液体存在黏度大、价格昂贵的缺点,将其应用于工业生产还需不断改进研究。

1.2.2　锰离子浓度对电解锰的影响

电解液中保持一定锰离子浓度是保证电解锰正常电解的条件之一。锰离子浓度太高或太低,都不利于电解。锰离子浓度太低,阴极附近的锰发生贫化会引起阴极板沉积的锰起壳。锰离子浓度太低也会造成氢析出电位下降氢离子在阴极放电造成电解效率降低。锰离子浓度太高,离子迁移速度减慢容易产生 $Mn(OH)_2$ 沉淀。沉淀吸附在金属锰表面,氢的过电位降低,有利于氢的析出,降低电解锰电解效率。

1.2.3　硫酸铵浓度对电解锰的影响

硫酸铵在电解锰过程中能增加溶液的导电性能,作为溶液的酸碱缓蚀剂。当电解电压一定时,硫酸铵浓度太低会导致电流降低、槽电压增大。硫酸铵浓度太高,溶液黏度增大电阻增大,容易引起隔膜袋板结使电解不能正常进行。一般工业生产硫酸铵浓度控制在 $(120\pm10)\,g/L$ 最合适。

1.2.4　电解液 pH 值对电解锰的影响

随着电解液 pH 值的增加,锰电流效率先增大,然后达到最大值,最后随着锰在阴极液中沉淀而减小。然而在高 pH 值时,氢氧化锰可能会在阴极沉淀降低电流效率。在较高的 pH 值下,锰离子更容易被空气氧化成 $MnOOH$,导致 NH_3 损失更明显。

1.2.5　电解液温度对电解锰的影响

电解液温度对锰沉积有显著影响,电解液温度与电流密度、锰沉积质量、阴极液冷却效率和能耗有关。当温度小于 35 ℃时,沉积的锰呈浅灰色、光滑、细晶状。当温度高于 35 ℃时,随着温度的升高,沉积的锰呈结节状和树枝状。当温度高于 45 ℃时,树枝状很容易形成,沉积的锰易发生"反溶"。温度对离子移动有直接影响,离子移动的速度随着温度的升高而逐渐加快,快速的离子移动会降低电解槽内的电阻。因此,一些工厂电解锰时,常会使用略高于 40 ℃的温度,以便提高生产效率,降低生产电耗。

1.2.6 电流密度对电解锰的影响

随着电流密度的增加,锰电流效率先增大后减小。电流效率或锰析氢相对速率作为电流密度的函数与其他操作条件如温度和沉积时间有关。Araujo 研究发现,在 540 A/m^2 和 24 h 沉积时最高电流效率为 67%。600 A/m^2 时为 65%,484 A/m^2 时电解 24 h 为 63.5%。最佳电流密度不仅应由电流效率决定,还应由沉积质量和沉积时间决定。随着沉积时间的延长,锰的电流效率降低,镀层变得更加枝晶化。在高电流密度下可使用短时间沉积,而在低电流密度下应使用长时间沉积。锰的最佳沉积时间是由电流效率相对于电流密度、电池室电流供应容量和阴极收集容量的灵敏度决定的。工业生产中电流密度控制在 330～380 A/m^2 较为合适。

1.2.7 外控电源

电解锰过程,需要提供电源供电来驱动锰电沉积,为简化操作多采用恒定电流或恒定电位电解,实际电解锰生产中大多采用恒定电流电解。恒定电流电解通常会在阴极和溶液界面处易形成较厚的扩散层,使阴极表面的金属离子浓度降低而产生浓差极化,降低金属沉积速度;另一方面,持续直流供电过程中,高阴极电流密度使阴极边缘容易产生树突状枝晶,阴极表面的实际面积增大,降低了电沉积时的电流密度,电解电流效率降低。

1.2.8　脉冲电源

脉冲电沉积所采用的电流是一种起伏的或通断的、离散式的、非连续性的直流冲击电流,其波形有多种,常见的有方波(或矩形波)、双脉冲波(图 1-3)、三角波、锯齿波、阶梯波等。目前应用较多的是方波脉冲,如单脉冲(PC)、直流叠加脉冲、周期换向脉冲(PR)等。脉冲电沉积的主要特点是脉冲电流幅度大,频率高,所允许的最高峰值电流密度比直流电镀大许多倍。脉冲导电时间和脉冲关断时间一般以毫秒(ms)甚至微秒(μs)计算,所以,脉冲电镀可以克服周期换向电镀方法中反向时间太长的缺点,几乎能用于绝大多数的镀种。

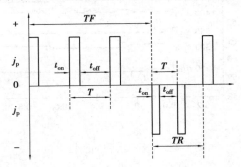

图 1-3　双脉冲波形示意图

注:①$+j_p$ 正向脉冲(或称正脉冲)峰值电流;

②$-j_p$ 反向脉冲(或称负脉冲)峰值电流;

③t_{on} 峰值电流导通时间,t_{off} 峰值电流关断时间;

④T 是一个脉冲通断周期,$T=t_{on}+t_{off}$;

⑤TF 是一组正向脉冲工作时间,$TF=nT(n \geqslant 1)$;

⑥TR 是一组反向脉冲工作时间,$TR=-nT(n \geqslant 1)$;

⑦$TF+TR$ 是正、反向脉冲换向的一个周期(一般 $TF>TR$)。

脉冲电沉积所依据的电化学原理主要是当电流导通时,电化学极化增大,阴极区附近金属离子充分被沉积,镀层结晶细致、光亮;当电流关断时,阴极区附近放电离子又回复到初始浓度,浓差极化消除。在金属的电结晶过程中,晶核形成的概率与阴极极化有关。在脉冲电沉积过程中,峰值电流密度较高,提高了阴极极化效应,增大了阴极过电位,同时也降低了析出电位较负金属电沉积与析氢等副反应发生的概率。近年来,脉冲电沉积的研究已应用于贵金属(Au、Ag)、一般金属(Zn、Cu、Al)及金属复合镀层。Zhang 等对比了直流和脉冲电解锰的电解过程。结果表明在直流电沉积金属锰过程中,由于恒电流,阴极电极电位随时间变化较小,如图 1-4 所示。

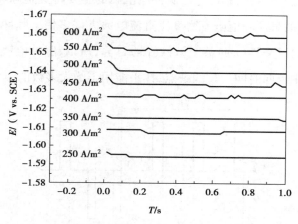

图 1-4 直流电沉积的阴极电位

在脉冲电沉积过程中,瞬时脉冲电流密度较大,引起的电极电位随时间变化较大,有利于提高阴极极化效应,从而增大阴极过电位,如图 1-5 所示,电位的最高值代表脉冲峰值电流对应的阴极电位,虚线为理想脉冲条件下电极电位随时间的变化情况。当占空比(r)= 0.5 时,锰电沉积阴极过电位随时间的变化情况,随着脉冲电流的周期性变化,阴极电位也发生周期性波动。由于电极-溶液界面存在双电层,在电流导通时间内需向其充电至金属锰电沉积所需要的电位值,电流关断时间内双电层的放电作用使阴极电位不能瞬时降为最低值,即存在滞后现象。

脉冲参数对电解锰的影响。王庆等研究了脉冲参数对电解锰的影响。通过研究改变脉冲占空比、频率、电流密度对电解锰电流效率的影响后发现,当占空比为 0.5、频率为 100 Hz、电流密度为 400 A/m² 时,电流效率达 82.1%。对比了直流电解锰的电流效率,在相同电流密度条件下,脉冲电解锰电耗更小,且脉冲电解沉积的锰更加平整光滑,锰片更加细致紧密。郭晓峰等研究了双脉冲参数对电解锰的影响,结果表明双脉冲电流可有效消除浓差极化,抑制析氢反应,脉冲反向周期电流增大或施加时间延长能减少阳极泥的产生。

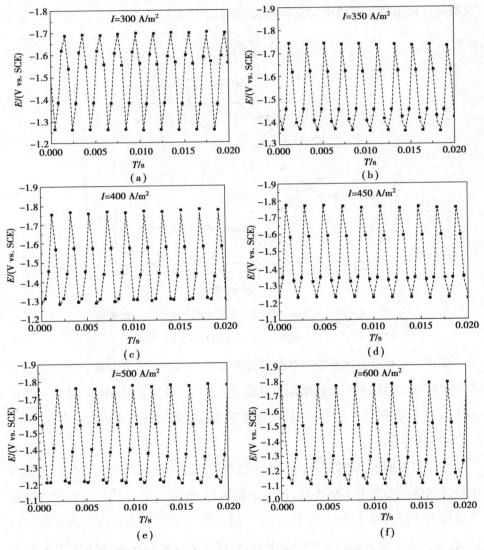

图 1-5　脉冲电沉积的阴极电位($r=50\%$, $f=1\,000$ Hz)

（1）脉冲频率

脉冲频率（f）与脉冲周期（T）、导通时间（t_{on}）、关断时间（t_{off}）的关系见公式（1.3）。通常认为脉冲频率不能过低，否则相当于直流，起不到脉冲电流的效果；脉冲频率也不能过高，否则脉冲波形易受双电层电容的影响而变平，致使电极瞬间的过电势显著减小，沉积层晶粒尺寸反而增大。

$$f=\frac{1}{T}=\frac{1}{t_{on}+t_{off}} \tag{1.3}$$

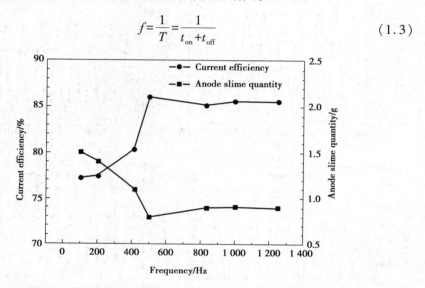

图 1-6　脉冲频率对电解锰电流效率和阳极泥含量的影响

（$j_a=400\ A/m^2$，$r=50\%$，$t=2\ h$）

如图 1-6 所示为脉冲频率对电解锰电流效率和阳极泥含量的影响。当频率小于 500 Hz 时，脉冲频率的增加使电流效率提高。在 500 Hz 时，电流效率最高为 86%。当频率大于 500 Hz 时，电流效率随着频率的进一步增加而略有下降。

（2）脉冲占空比

在一定周期下，脉冲导电时间为金属离子还原为金属而析出的时间。此时电极界面的金属离子不断消耗，产生浓差极化，脉冲关断时间为阴极附近消耗的金属离子得到补充的时间，而导通时间与周期之比为脉冲占空比。正向脉冲，在平均电流和电感恒定的情况下，一般随着占空比的减小，沉积层晶粒尺寸变小，杂质（不含离子杂质）含量降低但设备输出的最大平均电流减小，设备利用率降低。关于反向脉冲,一般认为随着占空比的增加,镀层厚度分布改善,但沉积速度变慢。

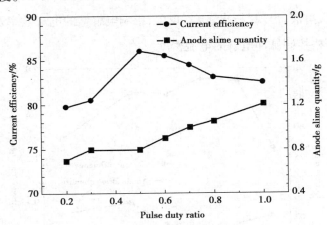

图 1-7　脉冲占空比对电流效率和阳极泥量的影响

($j_a = 400 \text{ A/m}^2$, $f = 500 \text{ Hz}$, $t = 2 \text{ h}$)

在 $f = 500$ Hz、$j_a = 400$ A/m² 条件下,脉冲占空比对电解锰电流效率和阳极泥量的影响如图 1-7 所示。当占空比为 0.2 时电流效率为 79.79%。占空比为 0.3 时电流效率降低至 77.41%。最大电流效率 86.0% 得到的占空比为 0.5。当占空比大于 0.5(0.5~0.8)时,电流效率随着占空比的增大而降低,阳极泥产量增加。直流占空比为 1 时,阳极泥量为 1.21 g。

(3)脉冲平均电流密度

电流密度是锰电解的关键参数,它直接影响电解锰的质量和生产能力,脉冲电沉积中脉冲峰值电流密度 i_p 与平均电流密度 i_m 的关系为:

$$i_p = \frac{i_m}{r} \tag{1.4}$$

式中　i_p——导通时间内电化学反应的速率(瞬间值);

　　　i_m——整个脉冲电沉积的反应速率。

在频率和占空比一定的条件下,当脉冲电流密度超过一定值时,溶液中大量的金属离子从阴极上得到电子而析出成为金属原子。此时,还原的金属离子进入晶格的速度成为整个电极反应速度的控制步骤。此外,过量的金属离子由于无处成核或来不及进入晶格而聚集形成粉末状微粒悬浮于阴极表面,或脱离金属表面进入溶液,出现"析出过剩"现象,影响电解锰的电流效率及沉积质量。因此,必须严格控制脉冲电解的电流密度。

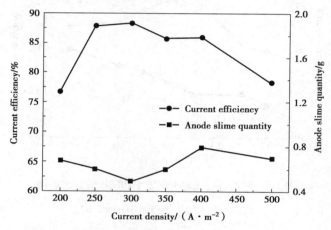

图 1-8　脉冲电流密度对电流效率和阳极泥量的影响

($r=0.5$, $f=500$ Hz)

如图 1-8 所示,当电流密度从 200 A/m² 增加到 300 A/m² 时,电流效率稳定而显著增加(从 76.71% 增加到 88.3%)。当电流密度大于 300 A/m² 时,电流效率下降。当电流密度从 200 A/m² 增加到 300 A/m² 时,阳极泥的数量随电流密度的增加而减少。当电流密度大于 300 A/m² 时,阳极泥的数量随着电流密度的增加而增加。电沉积开始时,平均电流密度的增加有利于锰沉积。然而当电流密度进一步增加虽然锰沉积速度加快但会发生浓差极化,导致析氢反应加快电流效率降低。

(4)脉冲电沉积锰的微观形貌

采用光学显微镜观察到电解 5 min 后的锰表面,有半径约 10 μm 的球形气颗粒,如图 1-9 所示。该球形颗粒为析出的氢气在电极表面吸附,导致锰离子在阴极上沉积不均匀而形成。当金属锰离子在阴极表面吸附,并发生电子转移形成沉积层时,伴有氢气的吸附。电极表面新生成的氢气泡有很高的表面能,在此活性位置金属晶核容易生成,金属晶体沿着整个气泡表面随机生长。

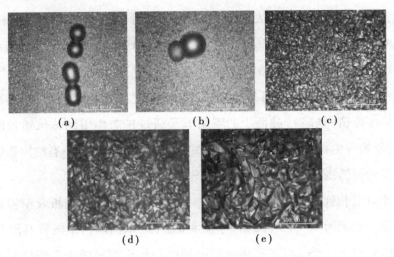

图 1-9　脉冲电沉积锰表面随时间的变化

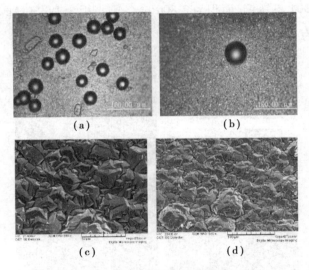

图 1-10　电沉积锰表面相貌

当电沉积时间较长时就形成球形"枝晶",如图 1-10(a)、(b)随着脉冲占空比的减小,峰值电流密度的增大,析氢反应逐渐减少,且关断时间较长时有利于吸附的氢发生脱附,球状颗粒有所减少。在相同的平均电流密度下,占空比越小,峰值电流密度越高,有效地增大了阴极过电位,提高锰成核速率,易生成尺寸较小的大量晶核,改善了沉积层的质量。但随着电沉积时间的延长,阴极表面的颗粒尺寸不可避免地增大,如图 1-9 所示(光学显微镜图),表面逐渐粗糙。当沉积时间达到 8 h 后,沉积锰的晶体尺寸达到 40 μm。如图 1-9(d)所示为电沉积 2 h 后的金属锰表面 SEM 图。根据金属的电结晶理论,可以看出金属锰电结晶的主要形态为棱锥体,可用晶体的螺旋位错生长理论进行解释:实际晶体表面有许多位错(缺陷),晶面上的吸附原子通过扩散作用到达位错台阶边缘时,可沿位错线生长,把位错线填满,如图 1-10(d)所示,这样原有的位错线消失而形成新的位错线,周而复始就生长成图 1-9(e)所示的棱锥体。

脉冲电沉积锰放大实验所用电解槽结构、电解装置、阴极板及阳极板如图 1-11 所示。电源为 20 V/1 000 A 的脉冲电源(山东淄博昌泰电器有限公司),电解槽的容积为 0.55 m^3(工厂中试用电解槽),槽内可放置 4 个阴极和 5 个阳极;阴极板为 304 不锈钢,面积为 2 800 cm^2;阳极板为 Pb-Sn-Ag-Sb 四元合金,栅孔状,面积为 1 450 cm^2。

图 1-11　现场放大实验装置图

脉冲电解与传统电解相比较,电解参数与工业传统电解参数一致,生产参数如下:

①电解槽中的阴极板数为 4 块,阳极板为 5 块。脉冲频率为 35 kHz、占空比为 50% ,调节电解电流密度 350 ~ 400 A/m²。

②通过调节进液流速控制阴极区中锰浓度为 15 ~ 18 g/L。

③通过氨水、稀硫酸控制阴极区的 pH 值为 6.8 ~ 7.5。

④通过调节冷却水流速进行控制阴极区内温度 38 ~ 40 ℃。

⑤电解周期:每电解 24 h 出槽、换板。

放大结果见表 1.2 和表 1.3,其脉冲电解锰元素分析结果见表 1.4。

表 1.2　直流电解放大实验结果

编号	直流电流密度/(A·m⁻²)	单板平均产量/kg	电流效率/%
1	355	3.4	69.1
2	380	3.65	69.8
3	380	3.90	60.5
4	400	3.55	65.1
5	400	5.98	68.3
6	400	3.65	65.9
7	400	3.50	65.4
8	400	3.65	69.8

表 1.3　脉冲电解放大实验结果

编号	脉冲电流密度/(A·m⁻²)	单板平均产量/kg	电流效率/%
1	355	3.64	74.4
2	380	3.98	76.0
3	380	4.00	76.5
4	400	3.98	75.7
5	400	4.08	75.9
6	400	5.13	74.6
7	400	4.00	72.3

续表

编号	脉冲电流密度/(A·m⁻²)	单板平均产量/kg	电流效率/%
8	400	3.82	65.0
9	425	5.93	63.5

表 1.4　脉冲电解锰元素分析结果

编号	Se/%	S/%	Si/%	C/%	P/%	Fe/%	Mn/%
1	0.118	0.029	0.000 24	0.018	0.000 44	0.002 8	99.83
2	0.104	0.007	0.002 8	0.008 7	0.000 7	0.008 5	99.87
3	0.081	0.004	0.003 0	0.007 5	0.000 6	0.004 4	99.90
4	0.078	0.010	0.002 5	0.008 7	0.000 1	0.004 1	99.90
5	0.019	0.016	0.001 78	0.008	0.000 24	0.004 7	99.95
6	0.083	0.010	0.002 2	0.008 4	0.000 5	0.003 4	99.89
7	0.024	0.022	0.003 21	0.007	0.000 47	0.005 3	99.94
8	0.036	0.016	0.002 67	0.009	0.000 38	0.003 2	99.93

当电流密度为 380 A/m² 时,脉冲电沉积时的单板产量最高为 4.30 kg,最低为 3.60 kg,电流效率最低为 72.3%,最高能达 76.5%;直流电解的单板产量最高为 4.00 kg,最低为 3.40 kg,电流效率为 70.1% 左右。当电流密度增大为 400 A/m² 时,脉冲电沉积时的单板产量最高达 4.70 kg,最低为 3.10 kg,电流效率最低为 71.0%,最高为 74.6%;直流电解的单板产量最高为 4.00 kg,最低为 3.10 kg,电流效率最低为 63.2%,最高为 69.8%。而当电流密度增大至 425 A/m² 时,脉冲和直流电沉积的电流效率仅为 63% 左右。故电沉积锰的电流密度应低于 425 A/m²。脉冲电解锰放大实验结果表明:采用脉冲电沉积金属锰时,电流效率最高能达 76.5%,比工厂实际生产采用的直流电解法的电流效率高 6%,金属锰的纯度为 99.8% 以上,达到行业标准《电解金属锰》(YB/T 051—2003),产品质量合格。

1.2.9　电极

　　目前电解锰工艺上阴极采用不锈钢板,阳极采用 Pb-Sn-Sb-Ag 四元合金。其含有银和稀贵金属,使得生产成本高,早期汪大成等考虑经济成本,通过大量的实验分析,研制出 Pb-Ag-Ca 阳极板,降低了电解锰的生产成本,提高了极板的抗腐蚀性能;并将 PAC 阳极板应用于电解锰工业,结果表明 PAC 阳极板具有耐腐蚀性、寿命长、提高电流效率等优点。郭岚峰等研究了不同开孔形状对电沉积锰的影响(图 1-12),如图 1-13 所示结果表明图(a)中阳极电流密度由阳极上部向下逐渐递减;而图(b)和图(c)阳极板上由于开孔形状的不同导致电流密度分布和电流密度等值线分布不均匀,从而减少了阳极上电流向其他方向的流通量,减少电流的损失。圆孔电解性能优于现有的方孔和整块电极板,并且沉积的锰更加致密。

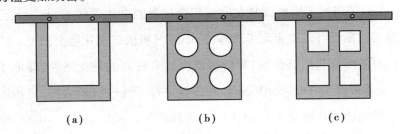

图 1-12　不同开孔形状的阳极板

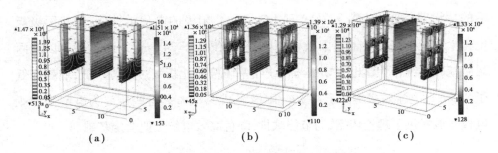

图 1-13　不同开孔形状的阳极板电解时电极电流分布

　　电解锰工艺的快速发展,对阳极板提出了越来越高的要求,电解锰过程中发现铅基合金阳极高析氧过电位会致使能耗高,且含铅电极在电解过程中会产生含铅污染物,不利于后期对锰渣和电解废水的无害化处理及资源化利用。近年来对 Ti 基和 Al 基电极研究较多。郑一雄报道了用于氯化锰体系制备金属锰的新型钛基二氧化铅电解的研制方法,并进行了电解试验。制备方法如下:

①先将钛板裁剪,边角磨圆,冲砂除氧化膜,去污粉刷洗,再使用 3% HF 浸泡 50 s。

②水洗,再使用 10% NaOH 洗涤,最后蒸馏水洗净。

③经表面处理后的钛基在 250 g/L Pb (NO_3)$_2$、0. 7 g/L NaF、25 g/L Cu(NO_3)$_2$ 溶液中进行电镀制备 PbO_2/Ti 阳极。使用 PbO_2/Ti 阳极电解锰电流效率高(81% ~ 82.3%),电能消耗低;使用高阳极电流密度,可控制电解酸度减少阳极泥的产生。

杨文翠等以 Ti 板为基体,采用涂覆及热分解方法获得钛基修饰阳极 Ti-SnO_2-MnO_2。电极在该过程中相比于铅基板电解沉积锰过程中槽电压降低,无铅污染。Luo 等研究了涂覆钛基在电沉积锰过程的电化学性能,与四元合金相比使用涂层钛阳极可以避免阳极液浑浊,阳极沉积的二氧化锰更致密。添加钌元素可以对活性氧起阻隔作用,对析氧反应具有较高的催化活性,降低了电池电压。Liu 等采用 Ti/IrO_2-RuO_2-SiO_2 阳极板进行了锰电沉积实验,与传统四元合金阳极板相比能耗减少 27% 且无阳极泥的产生。所以 Ti/IrO_2-RuO_2-SiO_2 阳极板能有效减少电沉积锰的能耗和固体废物排放量。Zhang 等对比了极化 24 h 后的片状 Ti/IrO_2-Ta_2O_5 和网状 Ti/IrO_2-Ta_2O_5 阳极的电化学性能,网状阳极板电化学性能更好且与铅基阳极板相比,过电位低于 245 mV。谢子楠等以聚丙烯腈基碳纤维作为锰电极阳极与传统铅基阳极相比析氧过电位降低,能耗降低了 8.36%,电流效率提高了 4.3%,阳极泥减少 80%。这些研究为电解锰工业电极发展提供了理论依据,为节能减排,绿色高效电解工业奠定基础。

1.2.10 添加剂

锰电沉积过程中,1924 年 Almand 发现电解锰无添加剂时,电解电流效率低于 50%，产品纯度低。随后有研究者发现在电解液中加入 S、Se、Te 化合物可以有效改善沉积锰。电解锰工业上必须添加抗氧化剂。抗氧化剂的主要作用：

①提高电解效率。

②防止 Mn^{2+} 氧化：Mn^{2+} 在高 pH 值条件下很容易被氧化成高价锰化合物 MnOOH（$Mn_2O_3 \cdot 3H_2O$）和 MnO_2。

③是转换晶型，加入抗氧化剂会有利于沉积 α 型锰，α 型锰相较于 γ 型锰有更强的抗腐蚀能力。

④使锰表面光洁致密，减少枝晶的生成。

⑤增强对杂质的容忍能力。电解锰工业中，少量的钴、镍等重金属杂质会导致沉积的锰发黑。

⑥减少阳极泥（MnO_2）的产生。

目前应用最广泛的抗氧化剂是 SeO_2、SO_2。不同的电解锰工艺的操作条件不同，当以 SeO_2 作抗氧化剂时 pH 值控制在 6.8 ~ 7.2 最合适。以 SO_2 作抗氧化剂时 pH 值控制在 7.8 ~ 8.2 最合适。当以 SeO_3^{2-} 作抗氧化剂时，pH 值控制在 7.0 ~ 7.5 最合适。

Xu 等和 Jiao 等研究揭示了 SeO_2 能抑制析氢反应，轻微改变锰沉积的沉积电位，提高锰沉积的动力学性能。Fan 等提出了硒的反应机理，给出了以下反应：

$$SeO_2 + H_2O \longrightarrow H_2SeO_3 \tag{1-16}$$

$$H_2SeO_3 \longrightarrow HSeO_3^- + H^+ \longrightarrow SeO_3^{2-} + 2H^+ \tag{1-17}$$

$$HSeO_3^- + 2H_2O + 4e^- \longrightarrow Se + 5OH^- \tag{1-18}$$

$$Se + 2e^- \longrightarrow Se^{2-} \tag{1-19}$$

$$Se^{2-} + 2H_2O \longrightarrow HSe^- + OH^- + H_2O \longrightarrow H_2Se + 2OH^- \tag{1-20}$$

$$Se^{2-} + Mn^{2+} \longrightarrow MnSe \quad MnSe + 2e^- \longrightarrow Mn + Se^{2-} \tag{1-21}$$

Rojas-Montes 等研究了硒在锰电沉积中的作用，研究发现硒增加了阴极表面以及锰薄膜上的析氢过电位。硒在 $E = -0.3$ V 时硒沉积存在形态是 $HSeO_3^-$。

$E=-0.6$ V 时硒溶解,沉积的硒被还原为硒化物。

$$SeO_2+H_2O \longrightarrow H_2SeO_3 \quad H_2SeO_3 \longrightarrow HSeO_3^-+H^+ \quad E=-0.3 \text{ V} \quad (1\text{-}22)$$

$$HSeO_3^-+2H_2O+4e^- \longrightarrow Se+5OH^- \quad (1\text{-}23)$$

$$Se+2e^- \longrightarrow Se^{2-} \quad\quad\quad E=-0.6 \text{ V} \quad (1\text{-}24)$$

然而,SeO_2 属于无机剧毒品,在电解过程中会产生有害物质(SeO_3^{2-}),危害身体健康且对环境造成重大危害。为了在不污染锰产品的前提下改善锰沉积,需要一种替代添加剂。目前,电解锰添加剂研究方向是确保高的电解电流效率、沉积锰高品质的前提下,以硒和硫类化合物为主要添加剂,同时加入辅助添加剂,以此减少硒类、硫类化合物的使用,或是直接替代硒和硫类化合物。目前关于绿色添加剂的研究,国内外的研究见表1.5。

表 1.5 电解锰添加剂

编号	类型	添加剂
1	有机添加剂	油酸钠、瓜尔胶、硫脲、不饱和二元羧酸、甘油、水溶性聚丙烯酰胺、季铵盐、硫酸辛酯钠
2	无机添加剂	SeO_2、SO_2、H_2TeO_3、H_2SeO_3、Zn^{2+}、羟胺盐、无机固化硫化物

1.2.11 钝化

电解锰生产目前普遍采用的重铬酸盐钝化工艺,工艺简单,耐腐蚀性能高但 Cr^{6+} 具有高毒性和致癌性,锰片经重铬酸盐浸泡钝化后需要用大量的水冲洗,产生大量的含铬废水对环境危害严重。因此,研究无铬化或低铬化电解锰钝化剂是电解锰关注的问题之一。

除重铬酸盐法外,常见钝化金属的方法还包括:钼酸盐法、磷酸盐法、硝酸盐法等。但这些方法存在着许多不足之处,如钝化效果比重铬酸盐差,钝化后有杂质沉积在沉积的金属锰表面。现在,生产企业基本上都采用无铬钝化或者免钝化生产,钢铁企业也基本上能接受这样的产品。

1.2.12　电解槽

在电解锰生产过程中,电流的传递是以电解液为导体进行有序传导,而电阻的大小是受电解槽(图 1-14)内阴阳离子移动的距离影响,而在电解锰工业生产中,电解液的浓度是保持不变的。因此不能通过溶液浓度来降低槽电阻,现阶段,降低槽电压的有效手段是缩短阴阳离子的移动距离,而合理缩短同(名)极距,降低能耗。其中"假底"可改善阴阳极室密封性能。

图 1-14　电解槽

1.3　环境状况

由于我国电解锰行业的迅速发展,前期不受约束,加上改革开放初期的环境意识和相关法律法规的不足,企业所在地区的环境受到了严重污染和破坏。加之我国锰矿多为平均锰矿品位约为 12% 的贫矿,生产 1 t 金属锰产生 8 ~ 10 t 锰渣,目前全国累计堆存锰渣量已超过 1 亿 t,且每年还新增产生量超 1 000 万 t。电解锰企业排放的污染物包括固体废物、废水、废气。

1.3.1　水污染

　　电解锰生产废水中的污水包括 Mn^{2+}、氨氮及悬浮物等。若污染物渗漏到地下,会对土壤及地下水造成污染。韦海波等通过对电解锰渣浸出毒性与改性进行研究,结果表明:锰渣中的重金属虽未达到国家规定的危险物鉴别标准,但浸出液中 Mn 含量超过了《污水综合排放标准》(GB 8978—1996)规定;冉争艳等通过研究表明,锰渣填埋场渗滤液对下游水体造成了严重影响,氨氮和锰离子的平均值已严重超过了地表水标准限值,超标倍数分别为 6.7 倍和 34.6 倍。电解锰渣中的溶解性离子经过堆存后,会随着雨水向四周土壤和河流迁移,对周围环境造成污染。因此,锰渣的长期堆存会造成企业周边水域的污染,如图1-15 所示电解锰企业尾矿库的现状也令人担忧。

　(a)渣场及渗滤液　　　　　　　(b)渣场　　　　　　　　(c)渣

图 1-15　电解锰渣场和锰库

1.3.2　固体污染

　　根据电解锰工艺流程图 1-2 可知,电解过程中产生了两种废渣,即粗压渣和精压渣(酸浸渣和硫化渣),其化学组分不同。我国电解锰的主要原料是低品位的菱锰矿,杂质含量高、产生的固体废物数量大、成分复杂。目前的处理方法一般分为堆放和填埋,锰渣呈酸性,大量堆积填埋的锰渣不仅侵占了土地农田,还使土壤酸化,从而破坏土壤的结构。含锰过量的土壤会对植物产生锰毒影响,使幼苗生长缓慢,新叶黄化,成叶失绿。过量的含锰土壤对植被的毒害首先表现为叶片的颜色变化,程度加重就会逐步造成对根部的损伤,这有别于其他金属。因此,锰渣的直接倾倒会占用大面积的土地资源,造成可用土地资源浪费。

1.3.3　大气污染

电解锰生产产生的废气包括粉尘和硫酸雾,会对大气造成影响,导致气象条件恶化。同时,目前对锰渣的处理主要依靠露天堆存,由于锰渣颗粒细小,阳光和风会使其进入大气,造成大气污染。

1.3.4　生态环境污染

锰渣中含有 Ca、Mg 等矿物(表 1.6),缺乏有机质,会对周边地区的生物多样性造成影响。随着生物多样性的丧失,受损生态系统的恢复变得极其缓慢。同时,渗滤液也会对下游及周边地区的原生生物造成影响。

表 1.6　电解锰渣部分元素含量

元素	N	Ca	S	Mn	Fe	Zn	Pb	Cu	Co	Ni	Sr
质量分数/%	1.68	3.51	9.02	4.06	1.25	0.007 5	0.011 2	0.004 2	0.005 1	0.003 1	0.009 5

参考文献

[1] 覃德亮,陈南雄.2020 年全球锰矿及我国锰产品生产简述[J].中国锰业,2021,39(4):10-12.

[2] Aloys D,杨玉芳,杨娟.全球锰矿产业现状及发展趋势分析[J].中国锰业,

2021,39(4):1-4.

[3] 李国栋,方建军,蒋太国,等.碳酸锰矿浸出工艺研究进展[J].中国锰业,2015,33(2):6-8.

[4] 王立志,徐国珍,杨杰,等.电解金属锰的生产现状及在安钢生产中的应用[J].冶金经济与管理,2020(4):34-36.

[5] Zhang R R,Ma X T,Shen X X,et al. Life cycle assessment of electrolytic manganese metal production [J]. Journal of Cleaner Production,2020,253:119951.

[6] Gao L H,Liu Z G,Chu M S,et al. Upgrading of low-grade manganese ore based on reduction roasting and magnetic separation technique[J]. Separation Science and Technology,2019,54(1):195-206.

[7] 谭立群,杨娟.2021 年 6~8 月电解金属锰创新联盟运行分析[J].中国锰业,2021,39(4):69-70.

[8] 陶长元,刘作华,范兴.电解锰节能减排理论与工程应用[M].重庆:重庆大学出版社,2018.

[9] Lu J M,Dreisinger D,Glück T. Electrolytic manganese metal production from manganese carbonate precipitate[J]. Hydrometallurgy,2016,161:45-53.

[10] Zhang M,Wu P,Li Y Y,et al. Phase equilibria and phase diagrams of the Mn^{2+},Mg^{2+},$NH_4^+//SO_4^{2-}-H_2O$ system at 298.15,323.15,and 373.15 K[J]. Journal of Chemical&Engineering Data,2020,65(6):3091-3102.

[11] 张超,王帅,钟宏,等.电解锰渣无害化处理与资源化利用技术研究进展[J].矿产保护与利用,2019,39(3):111-118.

[12] Farrah H E,Lawrance G A,Wanless E J. Solubility of calcium sulfate salts in acidic manganese sulfate solutions from 30 to 105℃ [J]. Hydrometallurgy,2007,86(1/2):13-21.

[13] 苏莎,楚广,吴洲华,等.硫酸锰溶液中去除钙镁杂质工艺研究[J].湖南有

色金属,2016,32(2):57-61.

[14] Guimarães A S, Mansur M B. Solvent extraction of calcium and magnesium from concentrate nickel sulfate solutions using D2HEPA and Cyanex 272 extractants[J]. Hydrometallurgy,2017,173:91-97.

[15] Lu J M, Dreisinger D, Glück T. manganese electrodeposition—a literature review[J]. Hydrometallurgy,2014,141:105-116.

[16] Ebrahimifar H, Zandrahimi M. Influence of electrodeposition parameters on the characteristics of Mn-Co coatings on Crofer 22 APU ferritic stainless steel[J]. Bulletin of Materials Science,2017,40(6):1273-1283.

[17] Yang F, Jiang L X, Yu X Y, et al. Catalytic effects of NH_4^+ on hydrogen evolution and manganese electrodeposition on stainless steel[J]. Transactions of Nonferrous Metals Society of China,2019,29(11):2430-2439.

[18] Micheau C, Lejeune M, Arrachart G, et al. Recovery of tantalum from synthetic sulfuric leach solutions by solvent extraction with phosphonate functionalized ionic liquids[J]. Hydrometallurgy,2019,189.

[19] Harris K R, Kanakubo M, Kodama D, et al. Temperature and density dependence of the transport properties of the ionic liquid triethylpentylphosphonium bis (trifluoromethanesulfonyl) amide, [P222, 5] [Tf2N] [J]. Journal of Chemical&Engineering Data, 2018, 63 (6): 2015 -2027.

[20] Quijada-Maldonado E, Olea F, Sepúlveda R, et al. Possibilities and challenges for ionic liquids in hydrometallurgy [J]. Separation and Purification Technology,2020,251:117289.

[21] Bozzini B, Gianoncelli A, Kaulich B, et al. Electrodeposition of manganese oxide from eutectic urea/choline chloride ionic liquid:An in situ study based on soft X-ray spectromicroscopy and visible reflectivity[J]. Journal of Power

Sources, 2012, 211: 71-76.

[22] Sides W D, Huang Q. Electrodeposition of manganese thin films on a rotating disk electrode from choline chloride/urea based ionic liquids [J]. Electrochimica Acta, 2018, 266: 185-192.

[23] 朱建平. 电解金属锰生产过程中各因素对电耗的影响[J]. 中国锰业, 1999, 17(3): 32-35.

[24] 陈南雄, 廖赞伟. 电解液成分对电解金属锰生产过程的影响[J]. 中国锰业, 2008, 26(4): 5-8.

[25] 夏代鸟. pH 值对锰的浸出和电解锰质量的影响[J]. 中国锰业, 1990, 8(6): 36-37.

[26] Mendonça de Araujo J A, Reis de Castro M M, de Freitas Cunha Lins V. Reuse of furnace fines of Ferro alloy in the electrolytic manganese production[J]. Hydrometallurgy, 2006, 84(3/4): 204-210.

[27] Lu J M, Dreisinger D, Glück T. Electrolytic manganese metal production from manganese carbonate precipitate[J]. Hydrometallurgy, 2016, 161: 45-53.

[28] Makhanbetov A, Zharmenov A, Bayeshov A, et al. Production of electrolytic manganese from sulfate solutions[J]. Russian Journal of Non-Ferrous Metals, 2015, 56(6): 606-610.

[29] 谭中柱, 梅光贵, 李维健, 等. 锰冶金学[M]. 长沙: 中南大学出版社, 2007.

[30] Liu T, Wang J L, Yang X J, et al. A review of pulse electrolysis for efficient energy conversion and chemical production[J]. Journal of Energy Chemistry, 2021, 59: 69-82.

[31] 王胜利, 吴云峰, 胡波洋, 等. 近期脉冲电镀的研究进展[J]. 电镀与涂饰, 2016, 35(16): 873-877.

[32] Zhang X R, Zhang X Y, Liu Z H, et al. Pulse Current electrodeposition of manganese metal from sulfate solution[J]. Journal of Environmental Chemical

Engineering,2019,7(2):103010.

[33] 周朝昕,王庆,韩红艳,等.脉冲参数对电解金属锰的影响[J].中国锰业, 2012,30(1):33-37.

[34] 郭岚峰,刘仁龙,刘作华,等.双脉冲参数对金属锰电沉积行为的影响[J]. 中国有色金属学报,2019,29(7):1486-1496.

[35] 汪大成,杨光棣.电解金属锰用新型阳极的研制[J].中国锰业,1991,9 (4):51-54.

[36] 胡诗为.PAC 新材料阳极在电解锰生产中应用的工业试验研究[J].中国 锰业,1996,14(4):39-42.

[37] 郭岚峰,刘仁龙,刘作华,等.阳极开孔形状对金属锰电沉积行为的影响及 数值模拟[J].化工进展,2017,36(7):2584-2591.

[38] Wang W J, Wang Z R, Yuan T C, et al. Oxygen evolution and corrosion behavior of Pb-CeO2 anodes in sulfuric acid solution[J]. Hydrometallurgy, 2019,183:221-229.

[39] Han Z H, Xu Y, Zhou S G, et al. Preparation and electrochemical properties of Al-based composite coating electrode with Ti_4O_7 ceramic interlayer for electrowinning of nonferrous metals [J]. Electrochimica Acta, 2019, 325:134940.

[40] Yoon S, Kang E, Kim J K, et al. Development of high-performance supercapacitor electrodes using novel ordered mesoporous tungsten oxide materials with high electrical conductivity [J]. Chemical Communications (Cambridge,England),2011,47(3):1021-1023.

[41] Hosseini Z, Taghavinia N, Sharifi N, et al. Fabrication of high conductivity TiO_2/Ag fibrous electrode by the electrophoretic deposition method[J]. The Journal of Physical Chemistry C,2008,112(47):18686-18689.

[42] 郑一雄,张其昕.用 PbO_2/Ti 作阳极从 $MnCl_2$ 体系制备电解锰(I) PbO_2/

Ti 阳极的制备与特性[J]. 华侨大学学报(自然科学版),1992,13(2):204-209.

[43] 郑一雄,柯伙钊. 用 PbO$_2$/Ti 作阳极从 MnCl$_2$ 体系制备电解锰(Ⅱ)[J]. 华侨大学学报(自然科学版),1997,18(2):142-145.

[44] 杨文翠,彭文杰,李新海,等. 电解锰用钛基修饰阳极 Ti/SnO$_2$/MnO$_2$ 的制备与性能研究[J]. 矿冶工程,2014,34(3):90-93.

[45] Luo S L, Guo H J, Wang Z X, et al. The electrochemical performance and reaction mechanism of coated titanium anodes for manganese electrowinning [J]. Journal of the Electrochemical Society,2019,166(14):E502-E511.

[46] Liu B, Lyu K X, Chen Y Q, et al. Energy efficient electrodeposition of metallic manganese in an anion-exchange membrane electrolysis reactor using Ti/IrO$_2$-RuO$_2$-SiO$_2$ anode[J]. Journal of Cleaner Production,2020,258:120740.

[47] Zhang W, Robichaud M, Ghali E, et al. Electrochemical behavior of mesh and plate oxide coated anodes during zinc electrowinning [J]. Transactions of Nonferrous Metals Society of China,2016,26(2):589-598.

[48] Xie Z N, Chang J, Tao C Y, et al. Polyacrylonitrile-based carbon fiber as anode for manganese electrowinning: anode slime emission reduction and metal dendrite control [J]. Journal of the Electrochemical Society, 2021, 168 (1):013501.

[49] Allmand A J, Campbell A N. The electrodeposition of manganese. -Part I[J]. Transactions of the Faraday Society,1924,19(March):559-570.

[50] Jacobs J H, Churchward P E. Electrowinning of manganese from chloride electrolytes[J]. Journal of the Electrochemical Society,1948,94(3):108.

[51] Xu F Y, Dan Z G, Zhao W N, et al. Electrochemical analysis of manganese electrodeposition and hydrogen evolution from pure aqueous sulfate electrolytes with addition of SeO$_2$ [J]. Journal of Electroanalytical Chemistry,2015,741:149-156.

[52] Jiao P P, Xu F Y, Li J H, et al. The inhibition effect of SeO_2 on hydrogen evolution reaction in $MnSO_4$ – $(NH_4)_2SO_4$ solution [J]. International Journal of Hydrogen Energy, 2016, 41 (2): 784-791.

[53] Padhy S K, Tripathy B C, Alfantazi A. Effect of sodium alkyl sulfates on electrodeposition of manganese metal from sulfate solutions in the presence of sodium metabisulphite [J]. Hydrometallurgy, 2018, 177: 227-236.

[54] Jiao P P, Xu F Y, Li J H, et al. The inhibition effect of SeO_2 on hydrogen evolution reaction in $MnSO_4$ – $(NH_4)_2SO_4$ solution [J]. International Journal of Hydrogen Energy, 2016, 41 (2): 784-791.

[55] Fan X, Xi S Y, Sun D G, et al. Mn-Se interactions at the cathode interface during the electrolytic – manganese process [J]. Hydrometallurgy, 2012, 127/128: 24-29.

[56] Rojas-Montes J C, Pérez-Garibay R, Uribe-Salas A, et al. Selenium reaction mechanism in manganese electrodeposition process [J]. Journal of Electroanalytical Chemistry, 2017, 803: 65-71.

[57] 姚月祥. 低硒电解金属锰试验 [J]. 中国锰业, 2002, 20 (3): 18-20.

[58] Xie Z N, Liu Z H, Zhang X J, et al. Electrochemical oscillation on anode regulated by sodium oleate in electrolytic metal manganese [J]. Journal of Electroanalytical Chemistry, 2019, 845: 13-21.

[59] Xue J R, Wang S, Zhong H, et al. Influence of sodium oleate on manganese electrodeposition in sulfate solution [J]. Hydrometallurgy, 2016, 160: 115-122.

[60] 邹婷, 陈上, 李金龙, 等. 电解锰有机添加剂的研究 [J]. 有色金属 (冶炼部分), 2014 (1): 12-14.

[61] Ding L F, Fan X, Du J, et al. Influence of three N-based auxiliary additives during the electrodeposition of manganese [J]. International Journal of Mineral Processing, 2014, 130: 34-41.

［62］ Padhy S K, Patnaik P, Tripathy B C, et al. Microstructural aspects of manganese metal during its electrodeposition from sulphate solutions in the presence of quaternary amines［J］. Materials Science and Engineering: B, 2015,193:83-90.

［63］ Padhy S K, Patnaik P, Tripathy B C, et al. Electrodeposition of manganese metal from sulphate solutions in the presence of sodium octyl sulphate［J］. Hydrometallurgy,2016,165:73-80.

［64］黄志军.美国电解锰生产工艺中添加剂使用概况［J］.中国锰业,1990,8(1):41-46.

［65］ Galvanauskaite N,Sulcius A,Griskonis E,et al. Influence of Te(VI) additive on manganese electrodeposition at room temperature and coating properties ［J］. Transactions of the IMF,2011,89(6):325-332.

［66］ Ilea P,Popescu I C,Urdǎ M,et al. The electrodeposition of manganese from aqueous solutions of MnSO4. IV: Electrowinning by galvanostatic electrolysis ［J］. Hydrometallurgy,1997,46(1/2):149-156.

［67］ Oniciu L,Urda M M,Popescu I C. Manganese electrodeposition from aqueous solutions of $MnSO_4$. 3. Influence of Se (IV) and Zn (II) on hydrogen discharge reaction from aqueous solutions of $(NH_4)_2SO_4$ ［J］. Revue Roumaine De Chimie,1995,40(11-12):1119-24.

［68］温晓霞,田熙科,杨超,等.新型无硒电解金属锰添加剂的性能研究［J］.中国锰业,2010,28(1):37-40.

［69］邹兴,侯丽娟,方克明.电解金属锰片清洁钝化工艺［J］.中国锰业,2005,23(1):35-37.

［70］罗钏,马文霞,韩凤兰,等.电解锰材的钼酸盐钝化及其耐腐蚀性能［J］.材料保护,2014,47(6):20-22.

［71］韦忠实,谭秋红.电解金属锰生产节能技术的探讨［J］.中国金属通报,

2018(2):33-34.

[72] 詹锡松.电解金属锰电解槽节能技术的探讨[J].中国锰业,2008,26(4):48-50.

[73] He S C,Wilson B P,Lundström M,et al. Hazard-free treatment of electrolytic manganese residue and recovery of manganese using low temperature roasting-water washing process [J]. Journal of Hazardous Materials, 2021, 402:123561.

[74] 张超,王帅,钟宏,等.电解锰渣无害化处理与资源化利用技术研究进展[J].矿产保护与利用,2019,39(3):111-118.

[75] 韦海波.锰矿渣金属浸出毒性及其改性对水中氟离子的吸附研究[J].绿色科技,2013(4):168-170.

[76] 冉争艳,吴攀,李学先,等.锰渣填埋场渗滤液及周边水体的水化学特征和质量评价[J].地球与环境,2015,43(5):529-535.

[77] 朱端卫,成瑞喜,刘景福,等.土壤酸化与油菜锰毒关系研究[J].热带亚热带土壤科学,1998,7(4):280-283.

[78] 曾琦,耿明建,张志江,等.锰毒害对油菜苗期 Mn、Ca、Fe 含量及 POD、CAT 活性的影响[J].华中农业大学学报,2004,23(3):300-303.

第2章 锰渣资源化利用研究现状

2.1 理化特性

电解锰渣是锰矿石经酸解、中和、压滤、除杂后产生的黑色泥糊状粉体物质,如图2-1所示。电解锰渣呈酸性(pH = 4.00 ~ 6.40);颗粒细小,粒径在30 μm以下的比例可达83.3%;比表面积较大,为3.00 ~ 9.66 m²/g;含水率较高,平均含水量31.97%,湿密度约为2029 kg/m³,露天堆放风干后呈块状,粉碎后干粉堆密度为976 kg/m³。

图2-1 堆积的电解锰渣

电解锰渣的主要化学成分(以氧化物形式表示)为 SiO_2、Al_2O_3、Fe_2O_3、CaO、MgO、MnO、SO_3,同时锰渣中含有氨氮、硫酸盐以及国家环保排放标准的铬、镍、铜、锰等重金属离子。由于锰矿来源和品位不同,各地电解锰渣的化学成分也有差异,如表2.1所示,电解锰渣中 SiO_2、Al_2O_3、Fe_2O_3 和 CaO 这4种主要化学成分的总质量分数为 43.76% ~ 56.36%，但 MnO 可高达 3.35%、SO_3 高达 37.31%。

表 2.1　电解锰渣的化学成分及其质量分数（单位：%）

地区	SiO_2	Al_2O_3	Fe_2O_3	CaO	MgO	MnO	SO_3	K_2O	Na_2O	TiO_2
重庆	22.03	8.54	19.16	3.09	8.83	3.35	30.37	0.73	0.24	0.18
湖南	26.95	2.27	7.82	6.27	3.74	2.09	11.95	1.58	0.75	0.26
贵州	31.38	4.82	10.71	9.45	7.53	1.61	18.58	3.40	0.77	0.57
宁夏	27.93	5.08	15.39	5.78	5.29	NA	37.31	1.14	0.56	0.32
广西	23.41	4.80	14.96	2.46	8.57	1.24	27.58	0.60	0.05	0.15

注：NA 表示信息未提供（下同）。

电解锰渣的主要矿物组成为二水石膏（$CaSO_4 \cdot 2H_2O$）、石英（SiO_2）、钠长石（$Na_2O \cdot Al_2O_3 \cdot 6SiO_2$）、铁矾土（$FeS_2$）、白云母[$KAl_2Si_3AlO_{10}(OH)_2$]、高岭石[$Al_2Si_2O_5(OH)_4$]、黄铁矿[$(NH_4)_2(Mg, Mn, Fe)(SO_4)_2 \cdot 6H_2O$]、$MnSO_4 \cdot H_2O$、$(NH_4)_2SO_4$ 和 $MgSO_4$。堆存时，易溶的 $MnSO_4 \cdot H_2O$、$(NH_4)_2SO_4 \cdot H_2O$、$MgSO_4$ 等物相会消失，形成难溶的 $(NH_4)_2Mn(SO_4)_2 \cdot 6H_2O$、$(NH_4)_2Mg(SO_4)_2 \cdot 6H_2O$、$MnO_2$、$MnFeO_{xx}$ 等物相，故锰和氨氮的浸出浓度，随堆存时间延长而逐渐降低。

几种典型电解锰渣的浸出毒性结果见表 2.2。由表 2.2 可知，电解锰渣中的 Mn^{2+}、NH_4^+-N、Cr^{6+} 和 Ni^{2+} 的浸出毒性均超过《污水综合排放标准》（GB 8978—1996）中的限定，尤其是 Mn^{2+} 和 NH_4^+-N 可分别高达 2 057.00 mg/L 和 815.31 mg/L，分别为 GB 8978—1996 中规定值的 1 029 倍和 54 倍。

表 2.2　按行业标准《固体废物 浸出毒性浸出方法 水平振荡法》（HJ 557—2010）

分析电解锰渣的浸出毒性（单位：mg/L）

编号	地区	Mn^{2+}	NH_4^+-N	Cu^{2+}	Zn^{2+}	Cr^{6+}	Cd^{2+}	Se^{4+}	Pb^{2+}	Ni^{2+}
1	重庆	2 057.00	186.00	0.19	0.75	0.11	0.054	0.061	0.35	0.74
2	湖南	1 300.12	650.85	0.051	1.14	NA	0.036	NA	NA	0.75
3	贵州	1 321.61	815.31	NA	0.015	0.34	0.006	NA	0.14	0.22
4	宁夏	1 820.00	NA	0.062	1.34	NA	0.036	NA	NA	4.83

2.2　电解锰渣资源综合利用的意义

电解锰渣作为一种工业废弃物,含有大量氨氮和铅、砷、铜、锌、锰等重金属离子,我国的锰渣大多被送到堆场,筑坝湿法堆存或填埋。堆积填埋的锰渣对环境产生了不良影响,如侵占土地农田、破坏土壤结构、使土壤酸化、破坏周围生物多样性等。废渣的大量堆积也对周围生物多样性产生严重影响,被损害的生态系统恢复非常缓慢,土壤中锰过量的话会对其生态平衡造成危害,对土壤植物营养体系产生"锰毒"影响。锰有别于其他重金属,对植物的毒害首先体现在叶片,当程度加重时逐步体现在对根系造成的损伤。由于雨水的冲刷作用,电解锰渣在堆存的过程中会产生大量的渗滤液,其中含有高浓度的氨氮和锰离子等(表2.3),这些渗滤液会随着地表径流渗入周围水体和土壤中,与电解锰生产过程中产生的各类含锰废水一同成为电解锰行业重要的水污染源,同时渗滤液也间接影响了周围地区的生物多样性。锰渣在长期堆存时,因表面干燥会产生扬尘,对大气环境造成尘害。大量锰渣如果堆置不当,能引发泥石流、塌方和滑坡,冲毁附近村镇。

表2.3　渣场渗滤液污染物含量(单位:mg/L)

编号	成分	甲渣库	乙渣库	污水排放标准(一级)
1	锰	531	531	2
2	氨氮	402.500	795.800	15
3	COD	1 900	100	100
4	铅	0.392	0.392	1
5	锌	0.207	0.207	2
6	六价铬	0.004	0.004	0.5
7	镉	0.037	0.037	0.1
8	pH 值	6.850	7.080	6~9

过量的重金属不仅给生态系统带来严重的压力,同时也给人体、动物健康和食品安全带来重大隐患。成人每日对锰的摄取量应在 3 ~ 7 mg,过高或过低均会影响人体健康。过多的锰会影响人体内微量元素的含量,导致微量元素的紊乱,从而累积在人的心脏,甚至造成死亡。慢性锰中毒可引起神经系统病变,内分泌系统紊乱,情绪失调,除了中枢神经系统病变,还伴随周围神经系统疾病,脑部萎缩,震颤麻痹状态,帕金森综合征等。

目前,电解锰渣所带来的环保压力是不可忽视的,电解锰渣的资源化利用成为我国亟待解决的问题,这不仅能够缓解电解锰渣对环境的污染问题,也能够为电解锰企业缓解生产成本方面的压力,继续创造电解锰行业的价值。因此,贯彻环保法律法规,加强电解锰工艺过程中的污染防治、实现废渣的综合利用、促进电解锰行业可持续发展将具有重要的意义。

2.3　电解锰渣处理的研究

2.3.1　电解锰渣的处理技术

电解锰渣的处理是控制与治理锰渣污染的必经之路。目前,电解锰渣的处理方法有以下 3 种:

(1)电解锰渣分选处理技术

电解锰渣各矿相间具有不同的物理化学性质,该技术即利用电解锰渣的这一特性将其中各种成分分开,如利用锰的磁性得到的磁选精料,可成为生产电解锰的合格原料。

(2)电解锰渣固化处理技术

电解锰渣中对环境造成的危害主要是其中含有的重金属及其他有害元素,该技术将电解锰渣中的有害成分固定或包裹在惰性固化基础材料中,是一种无害化处理方法。它一般将水泥作为固化添加的基础材料,水泥的添加量不少于45%。

(3)电解锰渣化学处理技术

锰渣中的有害成分主要是可溶性重金属和氨氮。该技术通过添加合适的物料,破坏锰渣中的有害成分,从而使其无害化。目前,最常用且廉价的化学处理方法是在电解锰渣中添加石灰,将可溶性的重金属盐转变为残渣,将氨氮转变为氨气,从而基本实现有害物质的去除或分离。

近年来,锰矿石的品位逐渐降低。随着生产工艺水平的提高,生产环节的效率不断提高,电解锰渣中锰的含量进一步降低,电解锰渣中的锰已经很难通过分选处理的方法再次回收利用。虽然固化处理效果良好,但对于堆积成山的锰渣,该方法可能会消耗大量的水泥,势必会造成处理成本的增加,工业化应用前景一般。化学处理技术的添加药剂来源广、成本低,且处理原理简单、效果显著,所以化学处理技术是实现锰渣资源化利用的有效方法。

2.3.2 电解锰渣的处理原则

“减量化”“资源化”和“无害化”(简称“三化”)是我国固体废物污染环境防治所遵循的基本原则,其处理进程及成效决定着我国电解锰产业的绿色可持续发展。“三化”原则首次以法律的形式于1995年10月3日第八届全国人民代表大会常务委员会第十六次会议通过《中华人民共和国固体废物污染环境防治法》中得以确立,并且2020年还进行了修订。

1)减量化

减量化是指在生产、流通和消费等过程中减少资源消耗和废物产生。

(1)NH_4^+-N减量化

由于我国电解锰企业的设备落后、管理粗放等,电解锰行业出现了计量不精确、控制不严格等实际问题,导致氨水的实际添加量超过理论值,不仅造成资源浪费,也引发了锰渣中残留氨氮含量高的问题。彭晓成等提出氨氮减量化的观念。通过改革生产工艺来达到严格控制工艺参数,实现对溶液 pH 值和 Fe^{3+} 等部分金属离子的实时在线监控,据此反馈来调控氨水的加入量。此方法能对今后减少渣中的氨氮污染提供新的思路。

(2)电解锰渣减量化

我国电解锰渣堆存量巨大、Mn^{2+} 和 NH_4^+-N 等污染物含量多、含水率高、环境风险大;雨季时,堆存的高含水率电解锰渣容易发生迁移和流动,存在溃坝风险。目前,电解锰渣的减量化主要包括以下 3 个方面:

①锰矿的选矿富集,以获得品位较高的锰矿生产原料。锰矿的选矿富集方法主要包括磁选、重选、化学药剂浮选和物理选矿等。刘胜利等对具有代表性的锰渣进行成分分析,发现锰含量在 8% 以上,故利用锰矿物与其他矿物比磁化系数差别较大的特点,选用磁选方案回收锰。处理方法是:首先对锰渣预先磨矿,然后强磁粗选,最后强磁扫选,得到了锰含量为 29.61% 的精矿,产率为 19.18%,金属回收率为 60.81%。左宗利采用 SHP 湿式磁选机对锰含量为 8.74% 的电解锰废渣进行选别试验,获得了锰含量为 26.49% 的精矿,产率为 16.23%,金属回收率为 49.72%。Wu 等发现通过高强度磁选可以获得品位为 22.75% 的锰矿,锰矿回收效率为 89.88%。Muriana 发现利用重选法锰矿的回收效率为 91.11%。Dan 等发现以亚油酸异羟肟酸为浮选药剂可以获得品位为 18.30% 的锰矿,锰矿回收效率为 97.00%。Mishra 等利用带式磁选机获得了品位为 45.00% 的锰矿,锰矿回收效率为 69.00%。

②锰的高效浸出。采用稀硫酸、稀盐酸、木质素和 SO_2 等化学药剂浸出,微波、电场强化和生物浸出等方法,Mn^{2+} 的浸出效率分别为 96.21%、97.10%、91.00%、95.50%,98.60%、98.20% 和 98.00%。

③引进国外高品位优质锰矿与国内低品位锰矿复配,实现锰矿原料品位的优化。宁夏天元锰业集团有限公司、广西南方锰业集团和贵州部分锰生产企业通过引进南非和加纳等地的高品位优质锰矿,实现了锰矿原料的优化,降低了

电解锰渣的排放量。

虽然研究者针对电解锰渣减量化开展了大量研究,取得了一系列成果。但电解锰渣的减量化仍然存在以下问题:因为菱锰矿的本身特性,选矿方法难以提高锰矿品位,传统的浸出工艺很难进一步提高 Mn^{2+} 浸出率;电解锰渣颗粒细、比表面积大、黏度大,导致电解锰渣含水率居高不下,其中夹带大量有价资源和污染物,即使采用先进的压滤工艺和设备,也难以降低电解锰渣含水率。

2)无害化

无害化是指产生无法或暂时尚不能综合利用的固体废物,经过物理、化学或者生物的方法,对环境进行无害或低危害的安全处理、处置,达到废物的消毒、解毒或稳定化。

电解锰渣无害化的实质是将其所含的 Mn^{2+} 和 NH_4^+-N 等污染物固化或脱除,主要有化学方法(CaO、臭氧、CaS、磷酸盐+镁盐+碳酸盐和磷石膏等)、电化学方法(电场强化和电动力修复)、生物浸出、焙烧和水洗等。研究表明以 CaO 为处理药剂,Mn^{2+} 和 NH_4^+-N 的脱除率可达99.98%和99.21%;以臭氧为处理药剂,Mn^{2+} 的脱除率可达99.90%以上;以 CaS 为处理药剂,Mn^{2+} 的脱除率可达99.90%以上;以 $MgO+CaO+$ 磷酸盐为处理药剂,Mn^{2+} 和 NH_4^+-N 的脱除率可达100.00%和84.89%;以磷石膏协同处置,Mn^{2+} 和 NH_4^+-N 的脱除率可达99.94%和96.36%;采用电场强化方法,Mn^{2+} 和 NH_4^+-N 的脱除率可达98.60%和99.80%;采用电动力修复方法,以太阳能为能源,Mn^{2+} 和 NH_4^+-N 的脱除率可达99.49%和99.70%;采用生物浸出方法,Mn^{2+} 和 NH_4^+-N 的脱除率可达98.00%和99.00%。

虽然研究者针对电解锰渣无害化取得了一系列研究成果,但电解锰渣的无害化仍然存在以下问题:电解锰渣的分散设备欠缺,难以实现处理药剂和电解锰渣的充分混合;目前的电解锰渣无害化技术难以同时实现 Mn^{2+} 和 NH_4^+-N 的低成本高效脱除;现有的无害化处置后的电解锰渣长期稳定性差,存在二次污染风险。

3）资源化

资源化是指采取管理或者工艺措施从固体废物中回收有用的物质和能源，创造经济价值的广泛的技术方法。

电解锰渣的资源化利用途径如图 2-2 所示，包括从锰渣中回收各种有价金属以及利用电解锰渣制备各类工农业材料。

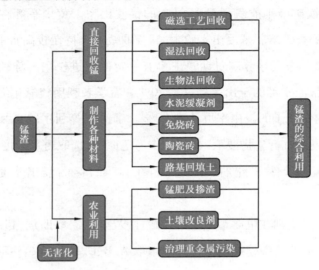

图 2-2　电解锰渣处理途径

（1）回收电解锰渣中的锰元素

锰渣中大部分锰以可溶化合物形式存在，含量约为 3% 。锰渣的随意堆放，造成了锰资源的严重浪费。因此，锰渣中回收金属锰具有重要的研究意义与价值。锰的回收方法主要有生物法、酸性浸出法和水洗沉淀法 3 种。

①生物法主要利用硫氧化细菌和铁氧化细菌浸出锰渣中的锰。黄玉霞等发现 *Fusarium* sp. 细菌浸出锰的过程中，细菌产生的有机酸起主要作用，且浸出锰后，电解锰渣变为疏松多孔的矿渣。李焕利等利用锰渣土壤中筛选出的两种锰抗性强的微生物 *Serratia* sp. 和 *Fusarium* sp. ，采用优化的 BCR 连续萃取方案对浸取前后的金属锰进行形态分析，研究其浸出率和浸取前后锰的形态变化特征。同时考察了 3 种萃取剂 EDTA、HNO_3 和 $CaCl_2$。对锰的萃取效率及萃取后

金属锰的形态变化。结果表明,*Fusarium* sp. 的浸取能力尤为显著,3 d 后锰浸出率达到 56.5%,3 种萃取剂对锰的浸取效果为 EDTA>HNO_3>$CaCl_2$,平均萃取效率依次为 50.0%、28.8% 和 21.2%。浸取前后,酸溶解态锰所占比例变化较显著,说明酸溶解态锰是比较容易浸取的形态。Xin 等用硫氧化细菌和黄铁矿浸出菌也能回收锰渣中的锰,如用硫氧化细菌浸取 9 d 后可最大获得 93% 的锰浸出率,用黄铁矿菌则能获得最大 81% 的锰浸出率。黄华军等在接种微生物 *Fusarium* sp. 的查氏培养基浸出实验中,锰浸取效率维持在较高水平(约73%),最高可达 88%。查氏培养基对锰浸出率有一定的促进作用。陈敏等用沙雷氏菌浸取锰渣,锰渣中锰的浸出率超过了 70%。有学者利用硫氧化细菌浸取锰渣中的锰,9 d 内锰离子的浸出率可达到 90%。李浩然等利用取自某酸性矿水的 J13 菌种来对锰渣进行生物浸取,黄铁矿作为还原剂、选取质量浓度为 40 g·L^{-1} 的矿浆、pH 值调节为 2 左右、温度控制在 30 ℃,锰的浸出率是最高的,接近 100%。

②酸性浸出法则在电解锰渣中添加酸性浸出液、浸取助剂,超声、除杂后能够得到纯度较高的硫酸锰产品。范丹等选取 A、B、C、D、E 这 5 种不同的浸取助剂浸取锰渣中的 Mn^{2+},研究得到,当选择助剂 E 且用量为 0.6%、酸矿质量比为 0.3∶1、固液质量比为 1∶3、浸出温度为 60 ℃、浸出时间为 90 min 工艺条件下得到的 Mn^{2+} 的浸出率达 52.8%。Ouyang 等用 8-羟基喹啉、黄原酸钾、十六烷基三甲基溴化铵、磷酸三丁酯和柠檬酸这 5 种物质作浸取助剂,考察了在助剂作用下超声辅助浸取电解锰废渣中锰的效果。结果表明:用 1% 的柠檬酸作浸取助剂,在液固比(g/mL)为 1∶4,酸矿比(mL/g)为 0.3∶1,浸取温度为 70 ℃的条件下,超声浸取 15 min,锰浸出率平均可达 57.28%,是加热酸浸法的 2.72 倍,是无助剂超声辅助浸取法的 1.52 倍。Li 等采用硫酸-盐酸混合酸(体积比 4∶0.3)联合超声技术浸出电解锰渣中的锰,发现在 60 ℃、35 min 浸出时间的条件下,锰的浸出率为 90%,高于直接酸浸法。

③水洗沉淀法采用"清水洗渣+铵盐沉淀"的方法回收可溶性锰,锰的回收

率可达到 99% 以上,回收得到的富锰沉淀物中,锰的含量可达到 30% 以上。刘作华等从锰渣中湿法回收锰,通过对锰渣成分及锰回收处理方法的分析、研究,提出了一种新型的从废弃锰渣中高效回收锰的方法。该方法用不同的锰渣与清水含量比得到不同的 Mn^{2+} 洗出率。当渣和水的比例为 1∶5 时,常温搅拌下反应 40 min,锰渣中 Mn^{2+} 的洗出率可达到 93.8%。当采用碳酸铵做沉淀剂,离子比 CO_3^{2-}∶Mn^{2+} 为 1.3∶1、转速为 80 r/min、絮凝剂浓度为 0.4 mg/L、pH 值为 7、沉淀时间为 60 min 时,锰回收率可高达 99.8% 以上,Mn^{2+} 也基本沉淀完全。在浸出 Mn^{2+} 过程中,温度和酸度对 Mn^{2+} 的浸出影响明显,酸度调控可有效分离酸浸锰液中的金属成分。刘闰华等在隔膜式压滤机中利用清水循环逆流洗涤的方法对电解锰渣滤饼进行循环洗涤,优化的工艺方法可以将锰的残留量由 1.85% 下降至 0.8%,回收效率超过 56%。

酸性浸出法、水洗沉淀法和其他间接性方法由于工艺复杂、成本较高且会造成二次污染,因而应用受限。生物法是一种回收锰渣中锰及其他金属离子极具潜力的方法,但对菌种和浸出条件的要求较高,并且细菌浸出时间普遍较长。此外,菌种的培育也比较复杂,目前仍未能找到最合适的菌种。

(2)制备全价肥

电解锰渣中含有多种植物生长所需的营养元素,如大量的氨氮、硫酸盐、有机质、锰、铁、铝、钾、钠、硒等营养物质,在除去危害元素后,加工成肥料施于作物,对作物的生长具有良好的促进作用;也可将锰渣直接按比例添加到土壤中,起到肥田改土、提高作物产量的功效,特别是我国有 30% 的土壤缺锰,20% 的土壤缺硫,还有不少土壤缺硒、硅等微量元素。

蒋明磊等以电解锰渣为原料,通过加入助剂,采用高温煅烧及微波消解法活化锰渣中的不溶性 SiO_2,得到有效硅含量达 8.08%、水溶性锰 1.51%、枸溶性锰 5.01% 的硅锰肥,符合锰肥标准,但该法能耗较高,难以实现产业化应用。蓝际荣等通过堆肥发酵,研究电解锰废渣在和废糖蜜、甘蔗渣堆肥过程中添加一定比例的生物菌剂、活性污泥、猪粪水、城市河湖污泥和树林腐土等添加剂对重金属化学形态及理化特性的影响,研究表明,实验中所使用添加剂均能使锰渣中的 Ni、As、Cd、Cr 和 Hg 等重金属离子由活泼态转化为稳定态,有效地降低了电解锰废渣中重金属生物有效性,并且堆肥过程中通过加入添加剂均能显著地提高土壤的 pH 值。王槐安在锰渣中加入 5% ~ 10% 的生磷矿粉进行磷化处理,制作出富含各种农作物所需营养成分的全价肥料。锰渣还能肥田改土,能增强作物抗病、抗虫、抗旱、抗倒伏等能力,尤其能提高作物产量。兰家泉将经过处理的电解锰废渣调配成富硒全价肥,并研究施用该肥后农作物的生产情况。结果表明,施用适量的电解锰废渣混配肥能促进农作物的营养生长,与对照组相比,小麦、水稻和油菜在苗期生长旺盛,植株鲜质量分别增加了 41.19% ~ 156.19%,7.20% 和 22.2%;同时,施用混配肥后,土壤理化性状得到了改善,有利于作物根系的生长。田定科等对烤烟大田施用不同用量电解锰废渣混配肥的肥效试验证明,混配肥能促进烤烟的生长,提高烟叶品质,对烤烟具有较好的肥效应。曹建兵等研究也表明,锰渣种植玉米中的重金属离子含量明显高于土壤种植,如锰渣种植玉米中的 Mn^{2+}、Zn^{2+}、Cr^{3+}、Fe^{3+}、Cd^{2+} 和 Cu^{2+} 分别是土壤种植的 9 倍、4 倍、2 倍、2 倍、20 倍和 5 倍。这些高浓度的重金属离子会通过食物链毒化人体,如 Zn^{2+} 浓度大于 $1.0×10^{-5}$ 就会产生致癌作用,Cd^{2+} 浓度高于几个 10^{-5} 就会产生"痛痛病"。将锰渣和锰矿石混合施于小麦时,能增加小麦生长的后期营养,改善其株高、穗长、穗粒数和百粒重,并提高小麦的叶绿素含量。Zhou 等发现,混合施用锰渣和锰矿石能提高辣椒在花蕾期、开花期和结实期的叶绿素含量,并能提高辣椒的株高、茎宽、果长、质量和产量。罗来和通过在稻田中电解锰废渣不同施用量试验,发现添加锰渣能使水稻增产,同时在氮素施用量合理条件下,等氮量的电锰渣较化肥氮增产 5% ~ 10%。对农作物施锰能够促进植物的生长发育以及植株的叶绿素含量。徐放通过对萝卜施锰的盆栽实验发现,萝卜的株高、叶片数、叶绿素含量等均比对照组有所增加。而对小麦施锰也能显著增加小麦的株高、穗长、穗粒数和百粒重等,同时发现施锰后小麦生长时期的叶片叶绿素总量均比对照组提高了许多。

诸多研究表明,利用锰渣制作肥料来改善农作物的生长是基本可行的,但在作物种植的实际施用中却难以得到农民的认可,因而推广困难。这主要是因为锰渣的肥效缓慢,不如氮肥和磷肥的迅速和显著。此外,由于电解锰时使用了硫化物去除微量重金属,锰渣中含有的类似硫化物成分和其他有毒重金属元素会腐蚀作物的根系而导致对作物生长的负面影响,还会污染和危害作物的生长土壤。更重要的是,锰渣中的重金属离子会在植物中富集,通过食物链影响人体健康。因此,虽然利用锰渣制作肥料具有广阔前景,但锰渣直接与土壤混合种植作物时必须先解决锰渣中重金属离子的"毒化"危害,从而减少其对作物生长、环境污染和人体健康的威胁。

(3)制备水泥添加料

锰渣在水泥行业中的应用主要体现在以下两个方面:

①电解锰渣作为水泥掺合料。掺合料体系为:锰渣、熟料、$Ca(OH)_2$,其中锰渣起到硫酸盐激发作用,熟料及 $Ca(OH)_2$ 作为辅助激发剂起到碱激发作用,熟料能保证体系后期强度的发展,$Ca(OH)_2$ 保证体系早期水化活性,其添加量的多少也取决于水泥熟料其余组分的组成。由于锰渣中其他有害组分的影响,水泥掺合料一般控制在 5wt% 以下为宜,否则会影响水泥的其他性能指标。王勇通过研究将电解锰渣用作水泥混合材料,将电解锰渣经过 450~750 ℃ 煅烧后,其脱水石膏活性和火山灰活性较好,在 650~750 ℃ 煅烧后活性最佳,抗折、抗压强度均较高。Hou 等利用电解锰渣制备了 56 d 抗压强度为 36~65 MPa 的类硫铝酸盐水泥。雷杰等利用电解锰渣制备了高铁硫铝酸盐水泥,3 d 抗压强度达到 49.80 MPa。吕晓昕等将锰渣用于硫黄混凝土的生产,与普通硅酸盐水泥相比,硫黄混凝土具有极低渗水率、超强抗腐蚀能力以及优异的力学性能。程淑君等发现电解锰渣经 1 200 ℃ 煅烧,活性指数可达 95%。此外,经碳、煤、焦炭等还原剂脱硫、NaOH 激发和灼烧生料陈化预处理的电解锰渣均具有良好的活性,可用作水泥混合材。林明跃等发现掺入 30% 的经高温脱硫的电解锰渣时,水泥强度可达到 PSA32.5 级。金胜明等提出将电解锰渣与碳粉或铝粉混

合,经900～1 400 ℃煅烧20 min,再与水泥熟料和石膏混合、球磨可制得水泥,28 d抗压强度达到53.63 MPa。蒋勇等研究发现利用灼烧生料对电解锰渣进行预处理,电解锰渣活性得到增强,可用作水泥混合材,灼烧生料量为5%时效果最佳。电解锰渣还可制备高炉矿渣水泥和TiO_2涂层水泥材料。电解锰渣具有潜在火山灰活性,可与水泥中的C_3S和C_2S(硅酸二钙)反应,改善混凝土性能。另外,电解锰渣中的硫酸盐对一些低活性矿物掺合料的活性有硫酸盐激发作用,可用作混凝土复合掺合料原料和硫酸盐激发剂。利用5%～10%的电解锰渣可制备具有良好的抗压强度、杨氏模量和抗氯离子侵蚀性的C25/C30混凝土。电解锰渣还可用作硫黄混凝土填料,当掺量为30%时,混凝土的抗压和抗弯强度分别达到63.17 MPa和9.47 MPa,产品具有良好的耐酸碱腐蚀性能和致密性,浸出毒性满足《污水综合排放标准》(GB 8978—1996)规定。Wang等对电解锰渣可作为高炉矿渣水泥的激发剂进行了研究,将电解锰渣、氢氧化钙、炉渣按30∶3∶5进行混合,水泥强度可达到52.5级,初、终凝时间分别为180 min和330 min,保养24 h后,可达到较好的性能。

②锰渣作为水泥的缓凝剂使用。在水泥工业中,常因为水泥的初凝时间较快而不利于工程施工,故常添加硫酸钙作为水泥的缓凝剂使用,因为锰渣中Ca一般以$CaSO_4 \cdot 2H_2O$形式存在,故可以作为水泥的缓凝剂使用。许健康等的研究结果表明,电解锰渣作为缓凝剂制备的水泥具有相对较长的凝结时间,可以明显提高水泥的后期强度。关振英进行了电解锰废渣全部替代和部分替代石膏作水泥缓凝剂的试验。结果表明,电解锰废渣完全可以用作普通硅酸盐水泥的缓凝剂,添加量在国家标准范围以内,凝结时间正常,安定性合格,最佳掺量为1.5%～2.0%。刘惠章等将电解锰废渣分别在105 ℃进行低温烘干和300 ℃高温煅烧处理,然后用其替代石膏配制水泥,并按国家标准检测方法对水泥性能进行了检测,其中水泥细度采用《水泥细度检测方法筛析法》(GB/T 1345—2005),稠度用水量、凝结时间、安定性检测采用《水泥标准稠度用水量、凝结时间、安定性检测方法》(GB/T 1346—2011),抗折强度和抗压强度检测采

用《水泥胶砂强度检验方法》(GB/T 17671—1999)。结果表明,电解锰废渣的缓凝作用虽比天然石膏略差,但可完全替代天然石膏生产水泥;高温锻烧处理后电解锰废渣的缓凝和增强作用均优于低温烘干料。冯云等开展了电解锰渣全部替代和部分替代石膏作水泥缓凝剂的对比试验研究,其试验结果表明,两者在调节水泥凝结时间和安定性方面差别不大,均符合国家标准的要求,但锰渣全部替代石膏掺入的水泥,3 d 后的抗压强度下降幅度较大,28 d 后下降幅度达到 15.3%,而以锰渣替代部分石膏作水泥缓凝剂,其 3 d 和 28 d 的抗压强度接近,下降率较低,28 d 后下降幅度最大仅为 3.8%。高松林等对此也做了相似的研究,试验证明了以电解锰渣部分替代石膏作缓凝剂比单掺锰渣更为适宜,并且以锰渣和石膏的总掺加量在 6%~7% 比较适宜,混掺的水泥 3 d 和 28 d 的强度很接近,下降甚微。尽管从理论和实际方面都证实了锰渣作为水泥缓凝剂的实效性,但实际中无论混掺还是单掺,其最高掺入量只有 5%,较适宜的掺入量仅为 3%。

限制电解锰渣在水泥中资源化利用的主要原因有高含水率电解锰渣中氨氮和硫酸盐含量较高、脱氨脱硫工艺不成熟、成本较高。掺加未进行脱氨脱硫处理或处理不完全的电解锰渣时,水泥水化形成的强碱性环境(pH 值为 12~13)会使残留的铵盐以氨气形式逸出,污染环境,危害人体健康。为防止水泥中 SO_3 超标(≤3.5%)导致水泥安定性不良,电解锰渣掺量不宜过高。宁夏某企业投资 15 亿元建成了两条日产 4 500 t 的水泥熟料生产线,通过煅烧水泥协同处置电解锰渣,综合固废利用率达 51%。

(4)生产墙体材料

电解锰渣主要含有 SiO_2、CaO、Fe_2O_3 和 Al_2O_3 等,加之电解锰渣为颗粒较细的粒化渣,这些因素都使锰渣满足制砖的基本条件,在制作黏土砖时掺入一定量的锰渣,制成的砖具有很好的强度和美观的外形(图 2-3)。传统的墙材主要是黏土烧结砖,其生产过程会消耗大量土地资源和能源,造成环境污染,居住舒适度也较差。随着自然资源的日渐枯竭和国家生态环境保护政策的越发严厉,在可持续发展背景下,以工业、农业和建筑垃圾废弃物及河道淤泥等废弃物为原料的生产墙体材料已成为墙体材料行业发展的趋势。目前,通过利用电解锰渣生产的主要有免烧砖、烧结砖、陶瓷砖、蒸压砖和保温砖等。但是,电解锰渣用于生产墙体材料也存在一些问题。首先,制作墙体材料过程中,电解锰渣的添加剂量比较少,如增加电解锰渣的添加量,就会降低所制成的墙体材料的质量;其次,墙体材料对人类的影响比较大,所以,电解锰渣中的有害物质还是需要关注的。综合如此情况来看,电解锰渣制作墙体材料能够消耗大量的电解锰渣、生产工艺相对简单、制作成本极低、用量比较大,所以利用电解锰渣制作墙体材料这一方式就工业化前景来说,还是比较可观的。

图 2-3   电解锰渣制备的墙体砖

①免烧砖(图 2-4):砖制品成本主要体现在烧结上,免烧砖的优势就是避免了能源浪费,节省了烧结成本。蒋小花等通过研究得出将电解锰渣、粉煤灰、石灰、水泥等配料分别以 50%、30%、10%、10% 的比例混合,然后掺入一定量的骨料,在压力 25 MPa 条件下制备免烧砖,达到建筑普通用砖标准。郭盼盼等则将 60% 电解锰渣、20% 粉煤灰、10% 石灰、10% 水泥等胶凝材料按一定比例混合,在养护温度 90 ℃时能制备出性能优良的免烧砖。杨洪友等利用经预处理的电解锰渣和硅矿制备了免烧砖,电解锰渣掺量为 80% 时,抗压强度达到 11.25 MPa,相关性能满足《非烧结普通粘土砖》(JC 422—1991)和《粉煤灰砖》(JC 239—1991)的规定。万军等用锰渣、细集料、水泥、生石灰和石膏加水制备了免烧的空心砌块砖,砌块强度达 5 ~ 25 MPa,空心率大于 25%,锰渣用量高达 40% 以上。袁明亮等以某企业的锰矿过滤废渣为主要原料,掺入一定量的水泥、石灰,辅以河沙为骨料来制备免烧砖,通过压力成型的方式,在一定的养护条件

下,制备的免烧砖抗压强度符合国家标准要求。综合考虑力学性能和经济效益,原料的最佳配比为水固质量比 1 : 3、锰渣用量为 40%、水泥用量为 11.5%、石灰用量为 10.5%、河沙用量为 38%。

图 2-4　电解锰渣制备的免烧砖

②烧结砖:烧结砖具有保温隔热、调节湿度、隔音防火等优点。张金龙等研究了电解锰渣-页岩-粉煤灰体系的烧结砖,发现当电解锰渣、页岩和粉煤灰的配比为 4 : 5 : 1、在 1 000 ℃ 的烧结温度下保温 2 h,砖体抗压强度达 22.6 MPa,浸出锰含量也降至 0.6 mg/L,优于国家标准,浸出液中的锰含量检测标准为《地表水环境质量标准》(GB 3838—2002),烧结砖的强度标准为《烧结普通砖》(GB 5101—2003)。

③陶瓷砖(图 2-5):胡春燕等以电解锰渣为原料,通过研究制备陶瓷砖,同时起到固化重金属的作用,研究中采用废玻璃、电解锰渣、高岭土按照 53%、40%、7% 的配方比例混料,在 1 079 ℃ 温度下煅烧 30 min,得到符合陶瓷砖标准(GB/T4100—2006《陶瓷砖》中的 B I 类标准)的产品,锰渣的掺加量达到 40%,同时通过高温煅烧,重金属被固化到锰钙辉石的晶格中,降低了其毒性,起到有效缓解电解锰渣污染的作用,但该法能耗较高,难以保证经济成本。张杰等将除锰、铁后的酸浸锰残渣引入陶瓷墙地砖的生产中,其中锰渣掺量为 30% ~ 40%,为锰渣的资源化利用开辟了一条有效的利用途径。冉岚等通过研究表明,以电解锰渣、废玻璃为主要原料,煅烧温度为 950 ℃ 条件下,煅烧 30 min,制得符合《陶瓷砖》(GB/T 4100—2006)标准的陶瓷砖,锰渣的添加量为 32%,降低能耗的基础上避免了二次污染。王功勋等用电解锰废渣、废陶瓷磨细粉为原料,采

用半干压成型方法制作再生陶瓷墙地砖,研究出最佳配合比(渣粉比为 1∶9)及最佳烧成制度(温度 1 150 ℃、保温时间 90 min、成型压力 98 MPa)下制成的再生陶瓷地砖的各项指标均符合 GB/T 4100—2006 中 BIa 类标准。

图 2-5　电解锰渣制备的陶瓷砖

④蒸压砖(图 2-6):王勇将电解锰渣用于制取蒸压砖,在没有掺入水泥的情况下,砖的强度最高只能达到 11 MPa 左右。当加入 10% ~20% 水泥、5% ~10% 的生石灰和适量的硅质材料后,所生产蒸压砖的抗压强度达到 20 ~30 MPa,抗折强度 46 MPa,锰渣掺入量高达 60% 。Bing 等利用 30% ~40% 的电解锰渣制备了抗压强度超过 50 MPa 的蒸压砖。潘荣伟等利用 59% 的电解锰渣和 15% 的再生集料制备了强度等级达到 Mu15 级的蒸压制品,浸出毒性检测和放射性均满足相关标准要求。

图 2-6　电解锰渣制备的蒸压砖

⑤保温砖:甘四洋利用泡沫塑料与电解锰渣复合制备保温砌砖,其锰渣的用量可达 20% ~40% ,产品制备工艺简单、制作成本低廉、产品导热系数小、保温效果好。

　　上述研究指出利用电解锰渣可制备性能优良的墙体材料,但重金属固化机理、强度形成机理、氨氮脱除机理和耐久性还需进一步研究。某些企业利用电解锰渣生产了透水路面砖、蒸压砖和蒸压加气混凝土。但是,由于未对电解锰渣进行脱氨处理,相关产品在潮湿环境下返霜严重。同时,生产工艺过程未对逸出的氨进行回收,会造成环境污染,影响人体健康。而氨回收装置的设置会增加产品生产成本,同时当地建材市场不足以消耗所生产的产品,这些公司尚未实现真正的产业化生产。

　　(5)生产路基材料

　　锰渣是一种活性材料,它作为水泥砂浆和混凝土的掺合料,能提高混凝土的应用性能而用作路基材料,还能被固化在水泥混凝土中而减弱锰渣对环境的毒害。不同规格的锰渣可用于铁路道砟,代替土石料筑造公路路基、底基层及路面。徐凤广用含锰废渣代替天然黏土与消石灰混合作为公路路基的回填土,结果表明,含锰废渣基本能够代替一般黏土作为公路路基的回填材料,其抗冻、抗水性能较好,膨胀率低。王朝成等研究了石灰粉煤灰与磷石膏改性二灰对锰渣的稳定效果,证明了锰渣用作路面基层材料的可行性,锰渣用量达 55% ~ 92%。Zhang 等利用 30% 的电解锰渣、10% 的赤泥、5% 的电石渣、5% 的矿物掺合料、50% ~ 60% 的骨料和 3% 的水泥制备了路基材料,7 d 无侧限抗压强度达到 5.6 MPa,超过了中国标准中公路路基 3 ~ 5 MPa 的强度要求。同时,此体系实现了电解锰渣中重金属的固化。黄煜镔等发现 5 ~ 10 份电解锰渣、5 ~ 10 份流化床燃煤固硫灰渣可替代水泥和石灰固化红黏土制备满足公路施工要求的路基材料。Zhao 等发现,水灰比为 0.45、碱激发剂为 10% 时,利用 80% 的电解锰渣、10% 的镁渣和 10% 的粉煤灰,可制备 28 d 抗压和抗折强度分别为 8.89 MPa 和 1.22 MPa 的地聚物。王亚光利用电解锰渣和粉灰制备了地聚物,结果表明电解锰渣掺量为 30% 时,抗压和抗折强度分别为 43.46 MPa 和 9.92 MPa,可实现电解锰渣中重金属离子的固化。Zhan 等利用 75% 的垃圾飞灰和 25% 的电解锰渣制备了地聚物,结果表明 NaOH 溶液固含量为 0.50 时,重金属离子固化效果最佳。Han 等发现,河沙与电解锰渣质量比为 0.80、磷酸质量分数为 65% 时,经 80 ℃ 固化 2 d,地聚物的抗压强度达到 96.30 MPa,锰的固化效率为 95.40%。电解锰渣配合煤灰以及电石泥制备不含熟料的沥青混合料较大程度地提高沥青的黏合度以及自身的强度,并且混合后的材料具有较强的抗腐蚀性。研究表明,此种沥青混合物通过 1 年的使用之后,其耐压强度仍然能够达到 10 MPa。由此可见,电解锰渣作为路基材料大大地满足了道路建设的要求。沥青混合料中,电解锰渣的含量趋近于 80%,其效果是最可观的,这种含量的沥青混合物无论是从性能还是经济性都是最好的。

锰渣用作铺路材料所需要的锰渣掺入比例很高,大规模地用作公路路基材料,将有效地缓解现在锰渣堆放占用土地、污染环境、无法大规模回收利用的困境,带来巨大的经济社会效益。但目前的研究主要集中在强度等宏观性能上,浸出毒性、微观性能、耐久性和固化机理的研究相对较少。同时,由于重金属离子和 NH_4^+-N 的稳定和去除工艺不成熟,使用相关产品可能会造成二次污染,使得上述研究难以实现工业化。

(6)制备玻璃陶瓷

电解锰渣主要含有 SiO_2,CaO,MgO,Al_2O_3 等,这些适用于制造 $CaO-Al_2O_3-SiO_2$ 系统或 $CaO-MgO-Al_2O_3-SiO_2$ 系统的微晶玻璃。烧结法是采用尾矿渣制备微晶玻璃的常用方法,其主要工艺流程如图 2-7 所示。钱觉时等以锰渣、碳酸钙、石英砂和碳酸镁等为原料,经混合—熔制成基础玻璃—成型—核化—晶化处理、退火及加工等过程制备了微晶玻璃。该方法中的锰渣掺量大(75% ~ 99%)、生产能耗低、利于环保,其产品可广泛用作建筑装饰材料。

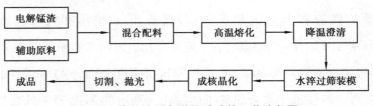

图 2-7　烧结法制备微晶玻璃的工艺流程图

宋谋胜等利用电解锰渣、滑石、工业氧化铝和石英合成了性能良好的堇青石/钙长石复相陶瓷,电解锰渣掺量达 25%。王功勋等利用 10% 的电解锰渣和 90% 的废陶瓷磨细粉制备了再生陶瓷,实现了两种废弃物的协同利用。胡春燕等利用电解锰渣、废玻璃和高岭土制备了陶瓷砖,发现锰被固化于锰钙辉石晶格中,实现了锰的解毒,电解锰渣掺量达 40%。冉岚等以电解锰渣和废玻璃粉为主要原料制备了陶瓷砖,结果表明掺加 32% 的电解锰渣,900 ℃ 下可制备性能优良的陶瓷砖。此外,电解锰渣还可制备钙长石/顽辉石多相陶瓷、再生陶瓷砖和多孔陶瓷。电解锰渣生产陶粒并进行相关产品的开发利用也是目前电解锰渣建材资源化利用的一个研究方向。黄川等利用 42.02% 的电解锰渣、54.63% 的粉煤灰和 3.35% 的木屑,制备了满足 GB/T 17431—2010 要求的 700 级轻骨料。胡超超等以 12% 的垃圾飞灰、43% 的电解锰渣和 45% 的粉煤灰制备了陶粒。结果表明,颗粒强度为 769 N、堆积密度为 687 kg/m^3、1 h 吸水率为 6.44%。向晓东等发明了一种电解硫酸锰渣制备陶粒的方法,利用 50~70 份电解锰渣、20~30 份黏土、10~20 份粉煤灰和 5~15 份赤泥制备了颗粒抗压强度为 5.1 MPa、堆积密度为 546 kg/m^3、1 h 吸水率为 4.12% 的陶粒。

虽然利用电解锰渣制备玻璃陶瓷和陶粒技术可行、产品性能优良,但目前还停留在实验室阶段,未见工业化生产。虽然部分生产工艺简单,但整体而言工艺复杂,氨的脱除和回收工艺不成熟。从产业化角度来看,电解锰渣产渣地并不是玻璃陶瓷和陶粒的主要产地,产业化示范和工业化生产缺乏市场助推力,同时电解锰渣掺量不高,并不能实现电解锰渣的规模化消纳。最后,所制备产品的后续开发利用尚不明确,未形成经济合理的产业链。

"三化"间的关系是以减量化为前提,以无害化为核心,以资源化为最终归宿,研究锰渣"三化"有着重要的价值。

2.4　电解锰废渣处理的前景

综合我国目前的情况来看,电解锰渣资源化利用的各项技术都处于理论阶段,真正利用到电解锰企业当中去的方式少之又少,并且受产品产量、质量和工艺成本的限制,其中锰渣的环境污染是制约其大规模应用的主要因素。堆放填埋依然是处理锰渣的主要方式,电解锰渣处置不当会造成严重环境污染,破坏周边环境的生物多样性,影响人类健康,其规模化消纳已成为制约电解锰行业发展的难题。建材作为最大宗消纳固废的行业,可有效解决电解锰渣难处理问题。从理化特性来看,电解锰渣的主要氧化物组成为 SiO_2、Al_2O_3、Fe_2O_3 和 CaO 等,是良好的建材原材料。目前,电解锰渣在建材中的应用主要集中在制备水泥、混凝土、墙体材料、玻璃陶瓷、陶粒、路基材料和地聚物等。受制于电解锰渣的高硫酸盐含量、高铵盐含量、高含水率、高黏度、低活性、重金属离子多,虽然针对其建材化应用已取得了不少成果,但未见成本低、稳定、可推广应用的成功案例。制约电解锰渣建材资源的因素整合起来主要有技术因素、经济因素、市场因素和政策因素。因此,后续电解锰渣建材资源化应该在减量化和无害化的基础上,从以下 4 个方面入手:

①技术上,目前针对电解锰渣前端处置的研究主要集中在无害化,尤其是锰和氨氮的固化和脱除,而针对降低其含水率和黏度,提高其活性的研究相对较少,缺乏电解锰渣建材产品的相关标准。后续研究可以在锰矿浸出过程中定向调控电解锰渣颗粒尺寸分布以及颗粒分散强化,降低电解锰渣含水率,实现其源头减量;利用水泥窑中间产物、电石渣等低成本碱性物料对电解锰渣进行改性,在固化锰和脱除氨氮的同时,增加电解锰渣的活性,降低其黏度;利用低温脱氨、高温脱硫工艺,通过还原剂的添加,实现电解锰渣中硫和氨的低成本高效脱除,同时提高电解锰渣的活性。在此基础上,深入研究电解锰渣在建材中的作用机理、耐久性、微观机理和浸出毒性,并结合电解锰渣和相关建材产品的

指标要求,制定相关产品标准。

②经济上,目前已有的一些电解锰渣建材资源化的产业实践虽然技术上可行,但成本较高,不具有推广价值。电解锰渣制备水泥混合材,生产工艺简单,还可以协同其他工业废渣发挥电解锰渣的活性和硫酸盐激发效果,生产成本低。电解锰渣制备蒸压加气混凝土,其含水率高和黏度大的缺点不再是限制因素,经过蒸压可实现电解锰渣中低活性硅、铝和钙的活化及重金属离子的固化,在市场有保障的基础上,有一定经济性。

③市场方面,随着国家基础设施建设进程的不断推进,优质的水泥混合材十分稀缺,以工业废渣生产水泥混合材已成为一大热点,而以电解锰渣为原材料结合其他工业废渣生产的水泥混合材具有良好的市场前景。建筑模式革新和严格的环保政策使得蒸压加气混凝土这种环保墙材市场前景广阔。不过,市场对电解锰渣建材产品的接纳程度还需进一步提高,需加快规模化、高值化综合利用技术和产品的推广应用。

④政策上,政府可结合当地市场需求,结合自身经济条件、政策优势以及当地整体规划,引进吸收国内外成熟技术,积极孵化相关产业,并予以政策和资金扶持。结合技术和市场因素,以电解锰渣制备水泥混合材和蒸压加气混凝土具有一定的可行性,但需针对性地研究低成本高效脱硫脱氨技术以及电解锰渣含水率控制技术,制定相应产品和工程应用标准,政府需完善相关产业政策并加大环境治理力度。

参考文献

[1] 杨晓红,向欣,林丽荣,等.电解锰渣综合利用研究进展[J].铜仁学院学报,2018,20(3):38-42.

[2] 吴建锋,宋谋胜,徐晓虹,等.电解锰渣的综合利用进展与研究展望[J].环境工程学报,2014,8(7):2645-2652.

[3] 周长波,何捷,孟俊利,等.电解锰废渣综合利用研究进展[J].环境科学研究,2010,23(8):1044-1048.

[4] 刘一鸣,董四禄,肖万平.电解锰渣的无害化和资源化处理[J].有色设备,2020,34(5):1-3.

[5] 何德军,舒建成,陈梦君,等.电解锰渣建材资源化研究现状与展望[J].化工进展,2020,39(10):4227-4237.

[6] 吴念,焦叶宏,曾沛源,等.电解锰渣的回收再利用现状与展望[J].广东化工,2016,43(9):134-135.

[7] 车丽诗,雷鸣.锰渣资源化利用的研究进展[J].中国锰业,2016,34(3):127-130.

[8] 刘啸,孙涛,石朝军.电解锰渣的资源化综合利用与研究[C]//第五届尾矿与冶金渣综合利用技术研讨会论文集.北京,2014:186-191.

[9] 陈红亮,王德美,郭建春,等.电解锰渣资源化利用研究进展[J].六盘水师范学院学报,2016,28(1):7-9.

[10] 马小霞,唐金晶,陶长元,等.电解金属锰渣中氨氮分析及处理技术进展[J].中国锰业,2016,34(1):1-4.

[11] 朱志刚.电解金属锰渣资源化的研究进展[J].中国锰业,2015,33(4):1-3.

[12] 赵虎腾,李远霞,谭德斌,等.电解锰渣的理化特性与物相转变研究[J].广东化工,2017,44(7):64-66.

[13] 任立民,刘鹏.锰毒及植物耐性机理研究进展[J].生态学报,2007,27(1):357-367.

[14] 曾琦,耿明建,张志江,等.锰毒害对油菜苗期 Mn、Ca、Fe 含量及 POD、CAT 活性的影响[J].华中农业大学学报,2004,23(3):300-303.

[15] 钟琼.电解锰生产废水处理技术的研究[D].长沙:湖南大学,2006.

[16] Senesil G S,Baldassarre G,Senesi N,et al. Trace element inputs into soils by anthropogenic activities and implications for human health[J]. Chemosphere,

1999,39(2):343-377.

[17] 朱明.锰与人体健康浅谈[J].安全与环境工程,1999,006(004):35-36.

[18] 陶长元,刘作华,范兴.电解锰节能减排理论与工程应用[M].重庆:重庆大学出版社,2018:17-20.

[19] 刘胜利.电解金属锰废渣的综合利用[J].中国锰业,1998,16(4):35-36.

[20] 左宗利.电解锰废渣回收利用的试验研究[J].湖南冶金,1996,24(6):9-11.

[21] Wu Y,Shi B,Ge W,et al. Magnetic separation and magnetic properties of low-grade manganese carbonate ore[J]. JOM,2015,67(2):361-368.

[22] Muriana R A. Responses of ka'oje metallurgical manganese ore to gravity concentration techniques[J]. International Journal of Scientific Engineering and Technology,2015,4(7):392-396.

[23] Zhou F,Chen T,Yan C J,et al. The flotation of low-grade manganese ore using a novel linoleate hydroxamic acid [J]. Colloids and Surfaces A: Physicochemical and Engineering Aspects,2015,466:1-9.

[24] Mishra P P,Mohapatra B K,Mahanta K. Upgradation of low-grade siliceous manganese ore from bonai-keonjhar belt,Orissa,India[J]. Journal of Minerals and Materials Characterization and Engineering,2009,8(1):47-56.

[25] Liu Y,Lin Q,Li L,et al. Study on hydrometallurgical process and kinetics of manganese extraction from low-grade manganese carbonate ores[J].矿业科学技术学报:英文版,2014(4):5.

[26] Ding F H,Zhan J,Wang Z J,et al. Simultaneous leaching of low grade bismuthinite and pyrolusite ores in hydrochloric acid medium [J]. Hydrometallurgy,2016,166:279-284.

[27] Xiong S F,Li X,Liu P L,et al. Recovery of manganese from low-grade pyrolusite ore by reductively acid leaching process using lignin as a low cost

reductant[J]. Minerals Engineering,2018,125:126-132.

[28] Sun W Y,Su S J,Wang Q Y,et al. Lab-scale circulation process of electrolytic manganese production with low-grade pyrolusite leaching by SO$_2$ [J]. Hydrometallurgy,2013,133:118-125.

[29] Li K Q,Chen G,Chen J,et al. Microwave pyrolysis of walnut shell for reduction process of low-grade pyrolusite [J]. Bioresource Technology, 2019, 291:121838.

[30] Tian Y,Shu J C,Chen M J,et al. manganese and ammonia nitrogen recovery from electrolytic manganese residue by electric field enhanced leaching[J]. Journal of Cleaner Production,2019,236:117708.

[31] Lan J R,Sun Y,Guo L,et al. A novel method to recover ammonia,manganese and sulfate from electrolytic manganese residues by bio-leaching[J]. Journal of Cleaner Production,2019,223:499-507.

[32] Zhou C B,Wang J W,Wang N F. Treating electrolytic manganese residue with alkaline additives for stabilizing manganese and removing ammonia[J]. Korean Journal of Chemical Engineering,2013,30(11):2037-2042.

[33] Yang wen qiang,An J,Yuan xiao li,et al. manganese removal from electrolytic manganese residue using ozone[J]. Advanced Materials Research,2014,997: 754-757.

[34] Li C X,Zhong H,Wang S,et al. A novel conversion process for waste residue: synthesis of zeolite from electrolytic manganese residue and its application to the removal of heavy metals[J]. Colloids and Surfaces A:Physicochemical and Engineering Aspects,2015,470:258-267.

[35] Shu J C, Liu R L, Liu Z H, et al. Solidification/stabilization of electrolytic manganese residue using phosphate resource and low-grade MgO/CaO [J]. Journal of Hazardous Materials,2016,317:267-274.

[36] Shu J C, Chen M J, Wu H P, et al. An innovative method for synergistic stabilization/solidification of Mn^{2+}, NH_4^+-N, PO_4^{3-} and F^- in electrolytic manganese residue and phosphogypsum[J]. Journal of Hazardous Materials, 2019,376:212-222.

[37] Wu S S, Liu R L, Liu Z H, et al. Electrokinetic remediation of electrolytic manganese residue using solar-cell and leachate-recirculation[J]. Journal of Chemical Engineering of Japan,2019,52(8):710-717.

[38] 黄玉霞,曹建兵,李小明,等. 耐锰菌 *Fusarium* sp. 浸出电解锰渣中锰的机制研究[J]. 环境科学,2011,32(9):2703-2709.

[39] 李焕利,李小明,陈敏,等. 生物浸取电解锰渣中锰的研究[J]. 环境工程学报,2009,3(9):1667-1672.

[40] Xin B P, Chen B, Duan N, et al. Extraction of manganese from electrolytic manganese residue by bioleaching[J]. Bioresource Technology, 2011, 102(2):1683-1687.

[41] 黄华军,李小明,曹建兵,等. 优势菌种浸取电解锰渣中锰的影响因素研究[J]. 环境工程学报,2011,5(9):2120-2124.

[42] 陈敏. 电解锰废渣中耐锰细菌 *Serratia* sp. 的鉴定及其浸锰能力的研究[D]. 长沙:湖南大学,2010.

[43] 李浩然,冯雅丽. 微生物催化还原浸出大洋结核中锰的研究[J]. 中国锰业,2001,19(4):4-7.

[44] 范丹,邓倩,熊利芝,等. 从电解锰渣中提取金属锰[J]. 吉首大学学报(自然科学版),2012,33(1):94-97.

[45] Ouyang Y, Li Y, Hui L, et al. Recovery of manganese from electrolytic manganese residue by different leaching techniques in the presence of accessory ingredients[J]. Rare Metal Materials and Engineering, 2008, 37(3):603-608.

[46] Li Y J,Papangelakis V G,Perederiy I. High pressure oxidative acid leaching of nickel smelter slag：characterization of feed and residue[J]. Hydrometallurgy,2009,97(3/4)：185-193.

[47] 刘作华,李明艳,陶长元,等.从电解锰渣中湿法回收锰[J].化工进展,2009,28(S1)：166-168.

[48] 刘闺华,潘涔轩,朱克松,等.电解金属锰渣滤饼循环逆流洗涤试验研究[J].中国锰业,2010,28(2)：36-38.

[49] 蒋明磊,杜亚光,杜冬云,等.利用电解金属锰渣制备硅锰肥的试验研究[J].中国锰业,2014,32(2)：16-19.

[50] 蓝际荣,李佳,杜冬云,等.锰渣堆肥过程中理化性质及基于Tessier法的重金属行为分析[J].环境工程学报,2017,11(10)：5637-5643.

[51] 王槐安,李德军,彭军,等.电解金属锰废渣磷化处理制肥料的方法：CN1136545A[P].2000-03-01.

[52] 兰家泉.玉米生产施用锰渣混配肥的肥效试验[J].中国锰业,2006,24(2)：43-44.

[53] 田定科,罗来和.烤烟生产施用锰渣混配肥的肥效试验[J].中国锰业,2007,25(2)：25-26.

[54] 曹建兵,欧阳玉祝,徐碧波,等.电解锰废渣对玉米植株生长和重金属离子富集的影响[J].吉首大学学报(自然科学版),2007,28(4)：96-100.

[55] Zhou Z, Xu L, Xie J, et al. Effect of manganese tailings on capsicum growth[J].地球化学学报(英文),2009,28(4)：427-431.

[56] 罗来和.电解金属锰废渣对水稻产量及其构成因素影响分析[J].中国锰业,2009,27(4)：30-32.

[57] 徐放,谢金连,丁德健,等.锰尾矿对萝卜营养效应的研究[J].安徽农业科学,2010,38(7)：3397-3399.

[58] 王勇.电解锰渣作水泥混合材的研究[J].新型建筑材料,2016,43(5)：

78-80.

[59] Hou P K, Qian J S, Wang Z, et al. Production of quasi-sulfoaluminate cementitious materials with electrolytic manganese residue[J]. Cement and Concrete Composites,2012,34(2):248-254.

[60] 雷杰,彭兵,柴立元,等.用电解锰渣制备高铁硫铝酸盐水泥熟料[J].材料与冶金学报,2014,13(4):257-261.

[61] 吕晓昕,田熙科,杨超,等.锰渣废弃物在硫黄混凝土生产中的应用[J].中国锰业,2010,28(2):47-50.

[62] 程淑君,陶宗硕,施学宝.锰渣作水泥混合材的应用研究[J].中国建材科技,2019,28(4):48-49.

[63] 林明跃,崔葵馨,肖飞,等.电解锰压滤渣高温脱硫活化制备水泥混合材的研究[J].硅酸盐通报,2015,34(3):688-693.

[64] 金胜明,常兴华,崔葵馨.电解锰压滤渣的脱硫方法及使用该脱硫锰渣制水泥的方法:CN110467365A[P].2019-11-19.

[65] 蒋勇,文梦媛,贾陆军.电解锰渣的预处理及对水泥水化的影响[J].非金属矿,2018,41(3):49-52.

[66] Wang J,Peng B,Chai L Y,et al. Preparation of electrolytic manganese residue-ground granulated blastfurnace slag cement[J]. Powder Technology,2013,241:12-18.

[67] 徐健康.电解锰渣用作水泥缓凝剂的试验研究[J].福建建材,2012(9):12-14.

[68] 关振英.电解锰生产废渣用作水泥生产缓凝剂的研究[J].中国锰业,2000,18(2):36-37.

[69] 刘惠章,江集龙.电解锰渣替代石膏生产水泥的试验研究[J].水泥工程,2007(2):78-80.

[70] 冯云,陈延信,刘飞,等.电解锰渣用于水泥缓凝剂的生产研究[J].现代化

工,2006,26(2):57-60.

[71] 高松林,冯云,宋利峰,等.电解锰渣替代石膏作水泥调凝剂的试验[J].水泥技术,2001(6):75-76.

[72] 蒋小花,王智,侯鹏坤,等.用电解锰渣制备免烧砖的试验研究[J].非金属矿,2010,33(1):14-17.

[73] 郭盼盼,张云升,范建平,等.免烧锰渣砖的配合比设计、制备与性能研究[J].硅酸盐通报,2013,32(5):786-793.

[74] 杨洪友,王家伟,王海峰,等.某电解锰渣免烧砖的抗压抗折性能研究[J].非金属矿,2019,42(3):13-15.

[75] 万军,甘四洋,王勇,等.电解锰渣制备的空心砌块及其制备方法:CN102199026A[P].2011-09-28.

[76] 袁明亮,赖颖明,刘维荣,等.锰矿酸浸废渣蒸养法制备免烧砖的研究[J].新型建筑材料,2013,40(9):53-55.

[77] 张金龙,彭兵,柴立元,等.电解锰渣-页岩-粉煤灰烧结砖的研制[J].环境科学与技术,2011,34(1):144-147.

[78] 胡春燕,于宏兵.电解锰渣制备陶瓷砖[J].硅酸盐通报,2010,29(1):112-115.

[79] 张杰,练强,王建蕊,等.利用锰渣制备陶瓷墙地砖试验研究[J].中国陶瓷工业,2009,16(3):16-19.

[80] 冉岚,刘少友,杨红芸,等.利用电解锰渣-废玻璃制备陶瓷砖[J].非金属矿,2015,38(3):27-29.

[81] 王功勋,李志,祝明桥.电解锰废渣-废陶瓷磨细粉制备再生陶瓷砖[J].硅酸盐通报,2013,32(8):1496-1501.

[82] 王勇.利用电解锰渣制取蒸压砖的研究[J].混凝土,2010(10):125-128.

[83] Du B,Zhou C B,Duan N. Recycling of electrolytic manganese solid waste in autoclaved bricks preparation in China [J]. Journal of Material Cycles and Waste Management,2014,16(2):258-269.

［84］ 潘荣伟,欧天安.利用锰渣及再生集料制备蒸压制品试验研究［J］.新型建筑材料,2018,45(11):108-111.

［85］ 甘四洋,万军,王勇,等.一种泡沫塑料与电解锰渣复合保温砌块:CN201730234U［P］.2011-02-02.

［86］ 徐风广.含锰废渣用于公路路基回填土的试验研究［J］.中国锰业,2001,19(4):1-3.

［87］ 王朝成,查进,周明凯.磷石膏二灰稳定锰渣基层材料的研究［J］.武汉理工大学学报,2004,26(4):39-41.

［88］ Zhang Y L,Liu X M,Xu Y T,et al. Preparation and characterization of cement treated road base material utilizing electrolytic manganese residue［J］. Journal of Cleaner Production,2019,232:980-992.

［89］ 黄煜镔,周静静,余帆,等.一种工业固体废弃物固化红黏土路基:CN103452024A［P］.2013-12-18.

［90］ Zhao R,Han F L. Preparation of geopolymer using electrolytic manganese residue［J］. Key Engineering Materials,2013,591:130-133.

［91］ 王亚光.粉煤灰/电解锰渣地质聚合物材料的制备及其性能研究［D］.银川:北方民族大学,2018.

［92］ Zhan X Y,Wang L A,Wang L,et al. Enhanced geopolymeric co-disposal efficiency of heavy metals from MSWI fly ash and electrolytic manganese residue using complex alkaline and calcining pre-treatment［J］. Waste Management,2019,98:135-143.

［93］ Han Y C,Cui X M,Lv X S,et al. Preparation and characterization of geopolymers based on a phosphoric-acid-activated electrolytic manganese dioxide residue［J］. Journal of Cleaner Production,2018,205:488-498.

［94］ 钱觉时,侯鹏坤,乔墩,等.电解锰渣微晶玻璃及其制备方法:CN101698567A［P］.2010-04-28.

[95] 宋谋胜,张杰,李勇,等.利用锰渣合成堇青石/钙长石复相陶瓷及其抗热震性能研究[J].功能材料,2019,50(8):8150-8155.

[96] 王功勋,李志,祝明桥.电解锰废渣-废陶瓷磨细粉制备再生陶瓷砖[J].硅酸盐通报,2013,32(8):1496-1501.

[97] 胡春燕,于宏兵.电解锰渣制备陶瓷砖[J].硅酸盐通报,2010,29(1):112-115.

[98] 冉岚,刘少友,杨红芸,等.利用电解锰渣-废玻璃制备陶瓷砖[J].非金属矿,2015,38(3):27-29.

[99] 黄川,王飞,谭文发,等.电解锰渣烧制陶粒的试验研究[J].非金属矿,2013,36(5):11-13.

[100] 胡超超,王里奥,詹欣源,等.城市生活垃圾焚烧飞灰与电解锰渣烧制陶粒[J].环境工程学报,2019,13(1):177-185.

[101] 向晓东,王福君,李灿华,等.一种电解硫酸锰渣制备陶粒的方法:CN104446364A[P].2015-03-25.

第3章 回转窑协同处置锰渣工艺研究

3.1 工艺概述

电解锰渣是电解锰生产过程中产生的浸出渣、硫化渣、除铁渣的总称。电解锰渣为黑色细小的泥糊状粉体废弃物,呈酸性或弱酸性,主要成分是二氧化硅和石膏,属于一般工业固体废物。由于缺乏成熟的锰渣处理技术,我国电解锰企业大都将废渣输送至渣场堆存。随着锰矿资源的日益消耗,锰矿的品位也在不断降低,进一步加重了电解锰渣处置的难度和环保压力。因此,对电解锰渣的处理已成为电解锰行业亟待解决的问题。

电解锰渣主要成分为 SiO_2 和 $CaSO_4 \cdot 2H_2O$,含量大于 40%,具有含水率高、黏度大和活性低等特点,可用于制备路基、蒸压砖、蒸压加气混凝土、玻璃陶瓷、水泥熟料、吸附剂、土壤调理剂等产品,实现电解锰渣资源化利用,具备良好的经济效益、社会效益和环境效益。电解锰渣中硫酸盐含量较高,为 10% ~37%,而国家标准《通用硅酸盐水泥》(GB 175—2007)中规定水泥中 SO_3 含量应低于3.5%,这限制了电解锰渣用作水泥矿化剂、水泥混合材和特种水泥原料时的资源化利用,因此必须形成电解锰渣脱硫工艺。

如图 3-1 所示,宁夏天元锰业采用电解锰渣与焦炭混合焙烧工艺,建立了第一条利用回转窑协同处置锰渣脱硫并用于水泥生产的生产线。

图 3-1 回转窑协同处置锰渣脱硫生产线

电解锰废渣经烘干破碎后与焦炭均化,一同送入回转窑内进行煅烧,在焦炭的作用下,电解锰渣中的硫酸盐还原生成二氧化硫气体从渣中分离出来,经过除尘器除尘后,含硫烟气进入脱硫制硫酸锰系统。煅烧后的活化脱硫锰渣运送到水泥厂,可作为生产水泥的原料或替代水泥混合材。含硫烟气进入脱硫制硫酸锰装置后,烟气中的二氧化硫与阳极液和氧化锰矿粉制成的浆液发生反应,生成硫酸锰,烟气经过净化达标后排放,生成的硫酸锰浆液被输送到电解锰车间,经净化除杂处理后,作为电解液经电解生成金属锰。脱硫系统的阳极液来自电解锰生产装置,在脱硫系统反应后又回到电解锰生产装置,使得整个系统达到平衡。脱硫系统的锰矿粉采用的是电解锰生产装置的氧化锰矿粉原料,脱硫系统产生的硫酸锰浆液作为电解锰的生产原料,使得整个脱硫制硫酸锰装置作为环保装置的同时,也成为电解锰生产装置的一部分。

3.2 机理研究

生产工艺采用烘干电解锰渣和焦炭作为生料,在加热煅烧过程中发生干燥、脱水、硫酸盐分解脱硫等物理化学反应。

锰渣的主要成分为石英、二水石膏、半水石膏,因此锰渣的煅烧脱硫主要是石膏的分解,同时也伴有少量硫酸铵、硫酸镁、硫酸锰等的分解。经干燥预热后入回转窑发生氧化还原反应,绝大部分硫酸根被转化为二氧化硫气体。二氧化硫气体随窑气向窑尾流动,经高温风机进入电收尘器净化后输送至硫酸锰制备工段;固体被煅烧成活化脱硫锰渣。相关反应过程如下:

$$<200\ ℃:\qquad 2CaSO_4 \cdot 2H_2O \longrightarrow CaSO_4 \cdot H_2O + 3H_2O \tag{3-1}$$

$$200 \sim 450\ ℃:\qquad 2CaSO_4 \cdot 1/2H_2O \longrightarrow 2CaSO_4 + H_2O \tag{3-2}$$

$$450 \sim 700\ ℃:\qquad (NH_4)_2SO_4 \longrightarrow NH_4HSO_4 + NH_3 \tag{3-3}$$

$$2NH_4HSO_4 \longrightarrow (NH_4)_2S_2O_7 + H_2O \tag{3-4}$$

$$3(NH_4)_2S_2O_7 \longrightarrow 2NH_3 + 2N_2 + 6SO_2 + 9H_2O \tag{3-5}$$

$$有焦炭时:\quad 2(NH_4)_2SO_4 + C \longrightarrow 4NH_3 + 2SO_2 + CO_2 + 2H_2O \tag{3-6}$$

$$有\ CaO\ 时:\quad (NH_4)_2SO_4 + CaO \longrightarrow 2NH_3 + CaSO_4 + H_2O \tag{3-7}$$

$$700 \sim 900\ ℃:\qquad 3MnSO_4 \longrightarrow Mn_3O_4 + 3SO_2 + O_2 \tag{3-8}$$

$$有焦炭时:\qquad 2MnSO_4 + C \longrightarrow 2MnO + 2SO_2 + CO_2 \tag{3-9}$$

$$2MgSO_4 + C \longrightarrow 2MgO + 2SO_2 + CO_2 \tag{3-10}$$

$$900 \sim 1\,200\ ℃:\qquad CaSO_4 + 2C \longrightarrow CaS + 2CO_2 \tag{3-11}$$

$$3CaSO_4 + CaS \longrightarrow 4CaO + 4SO_2 \tag{3-12}$$

合并 900 ~ 1 200 ℃时的两个反应式有:

$$2CaSO_4 + C \longrightarrow 2CaO + CO_2 + 2SO_2 \tag{3-13}$$

锰渣分解有以下特点:

①锰渣中硫酸铵在 450 ~ 700 ℃分三步分解,释放出 NH_3、N_2 和 SO_2。

②分解温度高,纯石膏在 1 225 ℃才发生晶体变化,在以焦炭为还原剂的作用下分解温度降为 900 ℃,且其分解过程需要吸收大量的热,是熟料煅烧过程中消耗热量最多的一个过程。

③还原剂机理复杂,在焦炭过剩(C/S>0.5)的还原气氛下,高温烧结物中产生大量的 CaS。

3.3 设备设计

电解锰渣煅烧脱硫生产工艺主要包括原锰渣的烘干、锰渣与焦炭的配料、原料粉磨、预热、窑内烧成、冷却及成品储存等生产过程。可分为生料制备系统、生料均化及入窑系统、烧成系统、煤粉制备与焦煤粉磨系统等,并配备有不同的生产设备。

本节以国内某企业1 800 t/d活化脱硫锰渣生产线为例,介绍活化脱硫锰渣生产工艺及设备。

3.3.1 生料制备系统

水泥生产用的原料、材料以及燃料大多要经过一定的处理才便于均化和入窑煅烧,这个处理阶段被称为生料制备,它主要包括破碎、烘干、磨粉、物料输送及物料储存等工序。

1)破碎机

水泥厂在过去多采用颚式破碎机作为一级破碎,锤式破碎机、反击式破碎机和圆锥式破碎机作为二级破碎,经过二级破碎才能使破碎粒度达到入磨要求。但随着工艺技术的进步,生产设备朝着大型化方向发展,使单机产量大幅度增加,现在水泥厂多采用单级破碎工艺,简化了生产流程,便于管理和降低成本。

各种破碎机具有各自的特性,在实际生产中,应视要求的生产能力、破碎比、物料的物理性质和破碎设备特性来确定使用什么样的破碎机。

颚式破碎机主要通过两块颚板来进行物料加工破碎,包括一块固定颚板和一块活动颚板,通过活动颚板对着固定颚板做周期性的往复运动,分开时物料进入,靠近时对两块颚板之间的物料进行破碎。中硬软物料都可以破碎。设备结构简单,且破碎量大,出料均匀,常用于物料的粗碎。更重要的是,相对于其他破碎机而言,其设备费用相对较低,且维修较容易。

圆锥式破碎机常应用于中硬度的物料破碎,采用层压破碎原理,粒级更为均匀,但不适合黏性物料破碎。同时圆锥破碎机有液压和弹簧两种类型,可以满足不同需求。除此之外,它的另一大优点在于它有多种腔型可供选择,可根据自己需要选择超粗、粗、中、细、超细等腔型。也因此,其设备构造复杂,后期维修起来可能稍有困难,费用相对颚式破碎机来说也较高。

反击式破碎机是利用冲击力来破碎物料的破碎机械,与圆锥式破碎机相同,都常用于物料的中细碎。但不同的是,反击式破碎机适用于硬度松软、边长50 cm 以下的石料,且体积小,生产率高,出料石粉少,应用于建材、铁路、高速公路等多个领域。

旋回破碎机是一款新型破碎机,它由电动机带动水平轴旋转,水平轴通过齿轮带动偏心套旋转,再由偏心套带动锥部做圆周摆动,从而连续挤压破碎石块。破碎机处理能力可通过更换偏心套来进行改变,以适应破碎厂不同配置要求,生产成本低,维修调整方便,适用于粗碎破碎作业的各种要求。

锤式破碎机的特色是一次成型,不用进行一次和二次的破碎,主要适用于中硬度以下的物料破碎,破碎的效率高、环保节能。当物料进入破碎机中,受到高速转动锤头的冲击而粉碎,较小的物料通过篦条排出,较大的物料在篦条上再次受到锤头冲击而被粉碎,直至通过篦条排出。

水泥厂常用破碎设备的工艺特性见表3.1。

表 3.1　水泥厂常用破碎设备工艺特性

破碎机类型	破碎原理	破碎比	物料含水/%	适宜破碎物料
颚式、旋回式、颚旋式破碎机	挤压	3～6	<10	石灰石、熟料、石膏
细碎颚式破碎机	挤压	8～10	<10	石灰石、熟料、石膏
锤式破碎机	冲击	10～15	<10	石灰石、熟料、石膏、煤
反击式破碎机	冲击	10～40	<12	石灰石、熟料、煤

续表

破碎机类型	破碎原理	破碎比	物料含水/%	适宜破碎物料
立轴锤式破碎机	冲击	10~20	<12	石灰石、熟料、石膏、煤
冲击式破碎机	冲击	10~30	<10	石灰石、熟料、石膏
风选锤式破碎机	冲击、磨剥	50~200	<8	煤
高速粉煤机	冲击	50~180	8~13	煤
齿辊式破碎机	挤压、磨剥	3~15	<20	黏土
刀式黏土破碎机	挤压、冲击	8~12	<18	黏土

2）粉磨机

生料粉磨的主要功能在于为熟料煅烧提供性能优良的粉状生料,在外力作用下,通过冲击、挤压、研磨克服物料晶体内部各质点及晶体之间的内聚力,使大块物料变成小块以至细粉。

随着水泥生产工艺、过程控制技术的不断升级,生料粉磨工艺和装备由过去的球磨机为主发展为现在的高效率立式磨、辊压机等多种新型粉磨设备,而且朝着粉磨设备大型化、数字化,工艺控制技术智能化方向发展,不断满足时代生产要求。

钢球磨系统又分两类,即风扫磨和提升循环磨,提升循环磨又分尾卸和中卸两种。提升循环磨系统常带有预烘干管道、立式烘干塔、选粉烘干或各种预破碎烘干机,这是为了适应不同水分含量原料的烘干要求而增设的辅助设施改进系统,因此可认为是尾卸式和中卸式提升循环磨的变种。

（1）风扫磨

风扫磨机主要由进料装置、滑履轴承、回转部、主轴承、出料装置、齿轮传动部和传动装置等组成。如图 3-2 所示,物料(同时伴随着 280 ℃ 左右的热风)由喂料设备送入磨机的进料装置中,通过溜槽快速导入磨机筒体内部,落在回转部的烘干仓内,烘干仓内设有特制的扬料板,含有水分的原煤在此处进行强烈热交换而被烘干,烘干后的煤块通过隔仓进入粉磨仓,随着磨机转动,与钢球磨介一起在具有提升能力的衬板作用下被抛落或泻落,在不断地冲击下被粉碎,借风力提升料粉,用粗细粉分离器分选,粗粉再回磨粉磨,细粉作为成品。

　　风扫磨可适用于原料平均水分达 8% 的物料粉磨,若另设热源,可烘干含水 15% 的物料。喂料粒度一般小于 15 mm,大型风扫磨可达 25 mm。我国水泥工业目前利用风扫磨作为生料粉磨系统的不多,但广泛应用于煤粉制备系统。

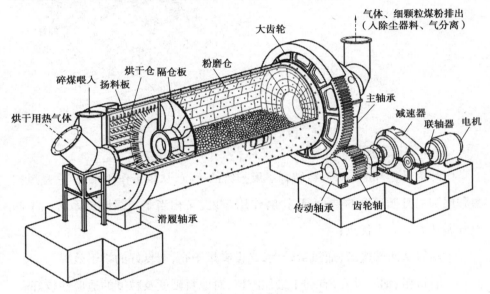

图 3-2　烘干型风扫磨

（2）尾卸提升循环磨系统

　　尾卸提升循环磨同风扫磨的基本区别在于磨内物料是用机械方法卸出,然后由提升机送入选粉机。如图 3-3 所示,烘干废气经磨尾抽出后,通过粗粉分离器和收尘设备排出。这种磨机有单仓及双仓两种,单仓入磨物料粒度小于 15 mm,双仓磨分粗、细磨仓,入磨物料粒度可达 25 mm,并设有卸料篦子,故通风阻力较大,磨内风速不能太高,烘干能力较差。利用窑废气仅可烘干 4% ~ 5% 的水分,在增设热风炉时,利用高温气体烘干的水分可达 8%。

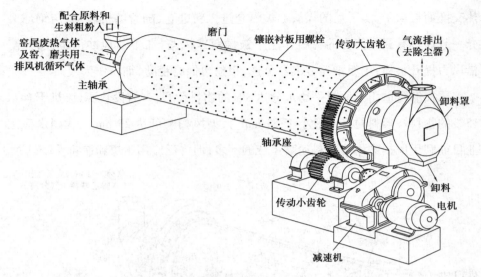

图 3-3　尾卸烘干球磨机

（3）中卸提升循环磨系统

中卸提升循环磨（图 3-4）结合了风扫磨的优点，从烘干作用来说，它是风扫磨和尾卸提升循环磨的结合；从粉磨作用来说，又相当于二级圈流系统。中卸提升循环磨有如下优点：

①热风从两端进磨，通风量较大，又设有烘干仓，有良好的烘干效果。

②磨机粗、细磨分开，有利于最佳配球，对原料硬度及粒度的适应性较好。

③循环负荷大，磨内过粉碎少，粉磨效率较高。

中卸提升循环磨的主要缺点是密封困难、系统漏风较多、生产流程也较复杂。

（4）辊式磨

辊式磨也称立式磨，其粉磨机理和球磨机有着明显的区别，它集破碎、粉磨、烘干、选粉和输送多种功能于一体，是一种高效节能的粉磨设备。其种类多达 10 余种，不仅可采用烘干兼粉磨方式用于生料、煤粉、矿渣粉等的粉磨，还可用于水泥的预粉磨或终粉磨，而且其单机设备粉磨能力大于其他磨机，因而被广泛应用。

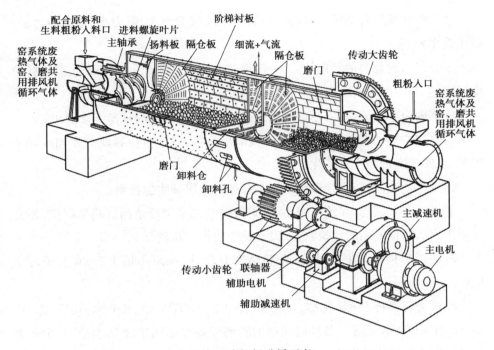

图 3-4 中卸提升循环磨

辊式磨主要由磨辊与磨盘组成,其结构的不同会改变磨机的性能,辊式磨是以滚压原理对物料进行粉磨的,由于磨辊与磨盘之间存在速度差,故在滚压的同时进行碾磨。物料从磨中或磨壳一侧通过喂料装置进入磨盘中心,磨盘水平运转产生离心力,磨盘上的物料从中心被甩至粉磨区,当磨辊被加载装置于辊道上的物料上面时,由于磨箍的转动,磨辊对物料产生一个竖向垂直力,且和物料之间存在摩擦力。磨辊的转动是从动运转,磨盘由电机通过减速机带动竖轴水平运动,从磨盘周围挡料圈溢出的物料被磨盘外风环中的上升气流带入上部的选粉机中,经选粉分级后,粗颗粒返回磨盘与新加入的物料一起重磨,细粉随气流排出磨机作为产品,可用旋风筒或电收尘器分离收集,磨辊与磨盘之间的压力用弹簧加压或油压加压。

与钢球磨机相比,辊式磨具有以下优点:

①由于厚床粉磨,物料在磨内受到碾压、剪切、冲击力作用,并且磨内气流可将磨细的物料及时带出,避免过度粉碎,物料在磨内停留时间一般为 2~4 min(球磨 15~20 min),故粉磨效率较高,能耗较低。

②入磨热风从环缝喷入,风速大,磨内通风截面也大,阻力小,通风能力强,烘干效率较高。

③允许入磨物料的粒度较大,一般可达磨辊直径的5%,大型磨入磨物料粒度可高达100~150 mm,因而可省略第二段破碎。

④磨内设有选分设备,不需增设外部循环装置,可节约日常维修费用。

⑤物料在磨内停留时间短,生产调节反应快,易于对生料成分及细度调节控制,也便于实现操作自动化。

⑥生产适应性强,可处理粗细混杂及掺有金属杂物的物料。

⑦设计布置紧凑,建筑空间小,可露天设置或采用轻结构的简易厂棚,不必采用重型或结构复杂的建筑物,故设备及土建投资均较低。

⑧磨机结构及粉磨方式合理,整体密封较好,噪声小扬尘少,有利于环境保护。

辊式磨有多种类型,例如,LM 型(图 3-5)、ATOX 型、RM 型、MPS 型、OK 型、CK 型和 HRM 型等。各种辊式磨的粉磨原理和结构组成基本相同,主要差异是在磨盘的结构和磨辊的形状及数目上有所不同,如图 3-6 所示。

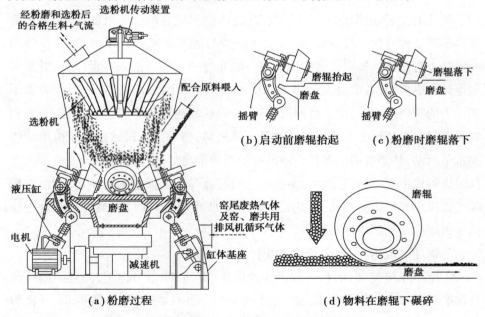

图 3-5 辊式磨(LM 型)的构造及工作原理

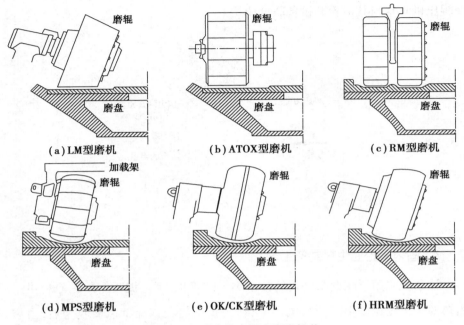

图 3-6 辊式磨的磨辊和磨盘性状

（5）辊压磨

辊压磨也称挤压磨，开始主要应用于熟料粉磨，之后推广到生料粉磨，并有成为生料粉磨主要系统的趋势。挤压粉末系统的电耗较辊式磨系统低 20% ～30%，但对高湿、高黏物料适应性较差。

辊压机的工作件是两个辊子，一个是固定辊，固定于机架上，另一个是可沿导轨移动的动辊。物料从反向旋转的两个辊子之间落下，在液压系统的推力作用下，两辊对物料施以巨大压力（50～500 MPa），物料在粉碎力的高压下颗粒间隙减小，在小颗粒物料内部形成细小的微裂纹，这样在物料粉磨时能够节省能耗。粉碎力量来自水平方向，从入料口开始压力达到最大点，物料向下落的过程中压力逐渐减小，到压力零点时，挤压和粉碎力量消失，物料被加工为料饼，颗粒内部产生大量裂纹和应力，易于进一步粉碎，如图 3-7 所示。辊压机的应用方案有预粉磨、混合粉磨、联合粉磨、半终粉磨及终粉磨系统，但终粉磨系统的成品全部由辊压机产生，要求辊压机具有较高的压力，而且增大了系统电耗，因而辊压机常常与其他粉磨设备联合使用。

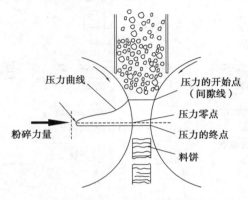

图 3-7　辊压机工作原理示意图

3）国内某企业生料制备工艺

该系统采用了陕西某公司的锤式烘干破碎机,工艺流程简单。原料烘干所需热源来自皮拉德生产的热风炉;出粉磨系统的废气经旋风筒收尘后,由袋式收尘器净化后排入大气;出旋风筒的合格生料,由空气输送斜槽转运入生料均化库;袋式收尘器及电收尘器回灰可以经输送系统转运至窑灰仓,计量后经带式输送机喂入烘干破碎机,也可以直接经过带式输送机喂入烘干破碎机。为了保证生料质量,系统中配置了原料在线分析仪,可根据原料成分控制焦炭粉的掺入量。该系统包含了电解锰渣输送、电解锰渣烘干破碎等车间。

电解锰渣由自卸汽车或铲车卸入料斗内,料斗设有 3 个,2 个在堆棚外,1 个在堆棚内。料斗下方设有链板秤,电解锰渣经链板秤计量后由带式输送机送至电解锰渣烘干破碎车间。采用 1 台锤式烘干破碎机及叶轮给料机进行原料的烘干与粉磨,烘干的热源来自热风炉;由耐高温脉冲袋式除尘器、烘干破碎机风机组成除尘系统;由链式输送机、斗式提升机、窑灰仓、螺旋计量秤组成窑灰计量系统。

来自电解锰渣输送车间的物料经带式输送机喂入叶轮给料机,叶轮给料机连续定量地给锤式烘干破碎机喂料;物料喂入烘干破碎机进料腔后,旋转的转子将物料粉碎,部分经锤头击打,部分在衬板上碰击被破碎。热气体从热风炉引入,气流的作用是将物料烘干,并把它带出料腔,细物料随气流通过出口,不能被气流带出的物料则再次在料腔内破碎。细物料在烘干破碎机出口与来自焦炭磨的焦炭粉混合,经大风管内上升气流输送至窑尾顶部的旋风筒,经料气分离后,成品生料由空气输送斜槽送入生料均化库均化、储存。废气经耐高温袋式收尘器净化后,由烘干破碎机风机、烟囱排入大气。耐高温袋式收尘器回灰通过链式输送机、斗式提升机输送,可经电动闸板阀直接转送至带式输送机,输送至烘干破碎机。也可经电动闸板阀控制送至窑灰仓,经螺旋计量秤计量后,再次通过斗式提升机转运至带式输送机。

热风炉由燃烧器及炉体组成,燃烧器煤风来自煤磨车间,中心风、轴向风来自助燃风机。助燃风机、一次风机、二次风机分别向炉体鼓入气体,其中助燃风机及一次风机气体来自周围大气。来自烧成窑头的废气通过电动蝶阀控制可以喂入二次风机进风口,也可以入耐高温袋收尘器的进口,同时二次风机进口以及窑头风接入耐高温袋式收尘器处均设置了冷风阀,可以控制掺入冷风量。

在叶轮给料机之前的带式输送机上设置在线分析仪,用于在线分析电收尘回灰、袋收尘回灰、电解锰渣成分。同时在入生料均化库的空气输送斜槽上设置在线分析仪,用于在线分析在线电收尘回灰、袋收尘回灰、电解锰渣成分以及焦炭粉的掺入量。收尘系统设备在所有设备启动前启动,所有设备停机后停机。原料粉磨系统工艺流程如图 3-8 所示。

3.3.2　生料均化及入窑系统

尽管已经经过破碎、粉磨处理,但由于在配料过程中的设备差异、操作因素等,物料成分仍有一定波动,它的均匀性和稳定性远远满足不了入窑生料的控制指标要求,因此必须通过均化调整。利用均化库进行均化的目的是保证熟料质量、产量及降低消耗的基本措施和前提条件,也是稳定出厂水泥质量的重要途径。

生料均化的原理主要是采用空气搅拌和重力共同作用形成的"漏斗效应"。

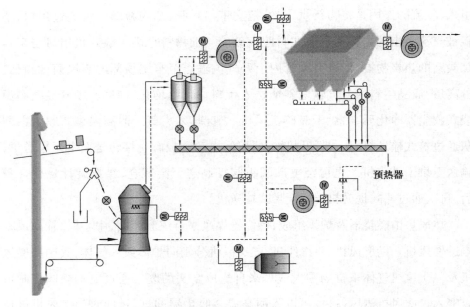

图 3-8　原料粉磨系统工艺流程图

重力混合主要发生在搅拌室外部的环形区,当环形区充气时顶部生料将产生均匀的旋涡状坍落,在生料下落过程中,库内径向断面上产生下落速度差,这种速度差使不同时间入库的生料在进入搅拌室前发生一次重力混合。空气搅拌主要在搅拌室内连续进行,使进入搅拌室的生料得到进一步均化,而后通过溢流管子及回转下料机卸出。

1)间歇式生料均化库

水泥工业最早利用的均化库为间歇式均化库,其作业方法是将物料装入库内并达到一定高度后,通过库底充气箱向库内充入压缩空气,在该气流的作用下物料出现流态化,经过一定时间的充气搅拌,库内的物料逐渐混合均匀,然后将达到均化质量的物料从库中卸出。这种均化库虽然均化效果很好,对物料成分波动的适应性强,但是它能耗大、占地多、投资大,不能实现物料均化操作的连续化及自动化。

间歇式气力均化库按供气方式及库内物料的运动状态可分为流化床式、重力式、脉冲旋流式和输送床等多种类型,其中流化床式均化库应用最为广泛,通常所说的间歇式气力均化库一般都是指的这种库型。在流化床式气力均化库内对物料进行均化时,会同时存在着扩散均化、对流均化和剪切均化3种均化方式,由于其操作风速必须大于颗粒的临界流化速度,因此气力均化库常用来对粒径较细的物料进行均化。

2)连续式生料均化库

随着新型干法水泥技术的发展,为了使整个生产流程实现连续化,并逐渐向大型化和自动化发展,连续式生料均化库就逐渐成为生料均化的最佳选择。相对于间歇式气力均化库来讲,连续式生料均化库既是生料均化装置,又是生料与窑之间的缓冲、储存装置。生料均化库工艺流程简单,布置紧凑,占地少;操作控制方便,易于实现自动控制;耗电量少。由于连续式生料均化库只能将出磨生料成分波动范围缩小,不能起再校正、调配作用,出磨生料成分一旦发生偶然的大幅度波动,会使出库生料成分瞬时波动过大,而且难以事先纠正,因此必须严格控制入库生料成分的平均成分符合入库要求。

德国克拉得斯·彼得斯(Claudius Peters)公司的彼得斯混合均化库(CP库)是最早采用的连续式生料均化库之一,具有电耗低、均化效果好等优点。CP 型均化库示意图如图 3-9 所示,其均化原理是入库生料通过斜槽均匀布料,不同时期的生料在库内呈横向分布,库底充气系统设计符合生料充气后的流动性,呈放射状斜向分布,环形区一般分 8 个区,每隔 5 min 轮流充气,充气区生料因松动及气流的引导卸入中心区,库内不同层的生料竖向切割下料实现生料的均化,不同时间的生料进入中心区后再进行气体强烈混合均化,从而达到理想的均化效果。

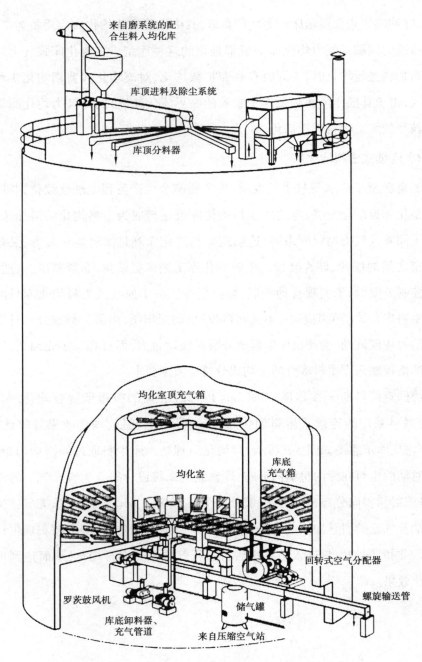

图 3-9　CP 型均化库

3）多料流式均化库

连续式生料均化库的混合室与均化室由于存在结构复杂、充气装置及空气搅拌室维修困难等缺点,已逐渐被多料流式均化库替代。

（1）IBAu 型中心室均化库

IBAu 库由德国 IBAu 公司首先研制成功。其 IBAu 型中心室均化库由库体、气力式助流装置、粉料除尘系统、安全阀、料位计、料满指示器及护栏等组成（图 3-10）。其利用物料的库内重力混合原理进行均化,基本不用或减小气力均化作用。IBAu 均化库在外部带一个搅拌仓,库底中心设一大圆锥,库内生料的重量通过锥传递给库壁,库底环形空间被分成向中心倾斜 10° 的 6 个充气区,每个充气区装有多种规格充气箱。充气卸料时生料被选送至一条径向布置的充气箱上,再经过锥体下部的出料口由空气斜槽送入库底中央搅拌仓中。卸料时,生料在自上而下的流动过程中,切割水平料层而产生重力混合作用,进入搅拌仓后又因连续充气搅拌而得到进一步均化。

IBAu 型中心室均化库均化电耗较低,仓内物料卸空率较高。但其施工复杂,造价较高,而且由于搅拌仓的容积较小,仅适用于有预均化堆场,且出磨生料波动较小的水泥厂,均化效果不够理想。日常生产过程中,只要遵循其工作原理,并从工艺和设备维护抓起,规范操作和使用,就能够有效地防止库内水泥滞留以及库内水泥预水化问题,确保水泥的均化效果。

（2）CF 型控制流式均化库

CF 库是丹麦史密斯公司控制流型连续式生料均化库的简称,其设计构想为:依靠充气和重力卸料,实现轴向、径向混合,控制各区流速。该装置结构复杂,充气线路多,维修困难,但卸空率、均化效果高,理论均化值 H 可达 9 ~ 10。

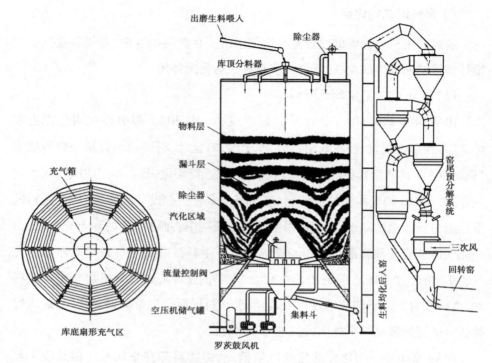

图 3-10　IBAu 型中心室均化库

　　CF 型控制流式均化库的库底被分为大小相同的 7 个下料区,每个区又由 6 块相同的等边三角形小区组成,每个下料区的中心有 1 个下料口,下料口上部设有减压锥。整个库底的 42 个三角形小区都装有充气箱,各组充气箱与带电动控制阀的空气管道接通。下料口有各自的卸料阀和空气输送斜槽,卸出的生料被送到库底中央的一个搅拌仓,搅拌仓支承在负荷传感器上,通过控制库底卸料量来控制仓内料位。生料在库内发生重力均化,在搅拌仓得到气力均化。CF 库采用微处理机对库底的 42 个三角区按规定的组合方式进行轮流充气下料。由于各区的下料量不等,可以使不同时间入库的生料同时到达库底,因此其重力混合效果甚佳。CF 型控制流式均化库的示意图如图 3-11 所示。

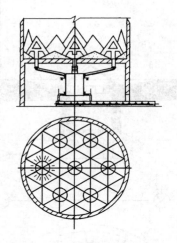

图 3-11　CF 型控制流式均化库

（3）MF 型多料流式均化库

MF 型多料流式均化库是由德国 Polysius 公司研制的,目前国内已引进德国许可证技术,吸取 IBAu 和 CF 库的经验。生料经库顶的流态化分配器和呈放射状布置的斜槽(4~8 条)均匀地进入库内,形成大致水平状料层。库底分为 10~16 个充气区,每区设有 2~3 条装有充气箱的斜槽,槽面铺设若干块盖板以抵挡库中生料对料槽的压力,形成 4~5 个卸料孔。卸料时,向两个相对的料区充气,生料受气力松动并在重力作用下在各卸料孔上方形成小漏斗流,生料在自上而下的流动过程中进行"重力混合";同时,各卸料孔漏入卸料槽的生料从不同的半径位置上向库中心室流动,在流动过程中进行着"径向混合";各卸料槽流入中心室的生料在充气的作用下再获得一次"流态化混合"。MF 库生料经过这三个过程在不同力的作用形式下得到较充分的混合。由于它主要是加强重力混合和径向混合作用,中心室体积较小,充气量小,因此电耗较低。MF 型多料流式均化库的示意图如图 3-12 所示。

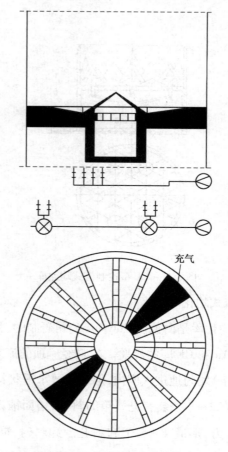

图 3-12　MF 型多料流式均化库

（4）TP 型多料流式均化库

中国天津 TP 库即为 TP 型多料流式均化库,是在总结引进的混合室、IBAu 型均化库实践经验的基础上研发的一种库型。

这种库吸取了 IBAu 型和 MF 型库切向流库的经验,在库底部设置大型圆锥结构,使土建结构更加合理,同时将原设在库内的混合搅拌室移到库外,减少库内充气面积。圆壁与圆锥体周围的环形空间分 6 个卸料大区、12 个充气小区,每个充气小区向卸料口倾斜,斜面上装设充气箱,各区轮流充气。当某区充气时,上部形成漏斗流,同时切割多层料面,库内生料流同时有径向混合作用。

（5）NC 型多料流式均化库

NC 库是在引进 MF 型均化库的基础上研发的。库底中心有一个大圆锥体，通过它将库内生料重量传到库壁上。圆锥周围的环形空间被分成向库中心倾斜的 6~8 个区，每区都装有充气箱。充气时生料首先被送至一条径向布置的充气箱上，再通过圆锥体下部的出料口，经斜槽进入库底部中央的搅拌仓中。当库内某一区充气时，该区上部物料下落形成漏斗状料流，料流下部横断面上包含好几层不同时间的料层。因此，当生料从库顶达到库底时，依靠重力发生混合作用。当生料进入搅拌仓后，又依靠连续空气搅拌得到气力均化。最后，均化后的生料从搅拌仓下部卸出。

4）国内某企业生料均化工艺

为了尽量减少中间环节的物料储存，生料均化库采用 2 个直径为 10 m 的控制流生料均化库（类似于 CF 库型），其储量分别为 1 号生料均化库 1200 t，2 号生料均化库 800 t。设计进库生料的 SO_3 标准偏差 $S_1 \leqslant 3\% \sim 5\%$ 时，出库生料的 SO_3 标准偏差 $S_2 \leqslant 0.3\% \sim 0.5\%$；由称量仓、流量控制阀和转子计量秤组成的计量系统，可保证入窑生料计量误差 $\leqslant \pm 1.0\%$。来自烘干破碎机的生料先进入 1 号生料均化库进行预均化和储存，再经 1 号生料均化库底的 4 个流量阀控制，通过空气输送斜槽、斗式提升机喂入 2 号生料均化库。

2 号生料均化库的结构及原理图如图 3-13 所示。库顶有一个 8 嘴分配器，从烘干破碎系统来的生料进入分配器后被分成 8 股料流入库，生料粉进入均化库后被分成了若干个料层，这些料层可能分别对应着不同时间下的出磨生料，因此各层之间生料成分可能有所不同或存在偏差，在卸料过程中各层依次向下移动，当物料层下降并逐渐接近库底时，物料层形成了一个个漏斗形状，在库底充气开式斜槽的充气作用下，卸料区的多层物料不断通过卸料斜槽进入生料小仓，并由小仓的卸料装置经过生料转子计量秤计量后由斗式提升机将物料送入窑尾预热器中。

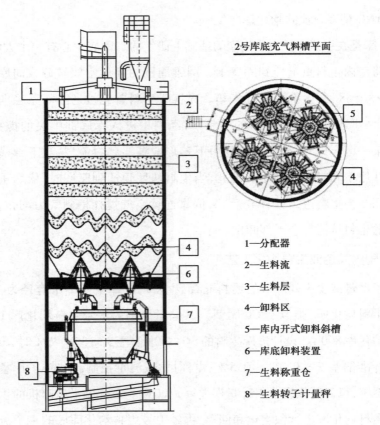

2号库底充气料槽平面

1—分配器

2—生料流

3—生料层

4—卸料区

5—库内开式卸料斜槽

6—库底卸料装置

7—生料称重仓

8—生料转子计量秤

图 3-13　均化库工作原理

为了保证物料的充分卸出并能获得较高的均化作用,库底分成大小相等的4个六边形卸料区,每个卸料区由6个向中心卸料口倾斜的三角形充气区组成,库底即共有24个三角充气区,每3个相隔三角形充气区的充气箱由1个电动球阀控制充气。每个卸料区中心有1个卸料口,卸料口上面覆盖着锥形钢盖以减少卸料时的压力(减压锥)。卸料口下面由各自的卸料间和空气斜槽将卸出的生料送至库底外部中央的一个生料称重仓内,该称重仓由负荷传感器支撑,以此控制开停卸料并保持一定的料位。库底24个三角形充气区由微机控制轮流充气,使4个平行的漏斗料柱在不同流量的条件下卸料,每个漏斗料柱在进行各料层纵向重力混合的同时,实现库内各料柱的最佳径向混合。出库时一般保持2个卸料区以不同的速度卸料,进入库下生料称重仓后再次搅拌混合,实现气力均化。出库生料量由库底卸料阀根据称量仓内料位或荷重传感器显示出的料重来调节与控制。在基本稳定工作时,由自控回路实现调节。

该均化库属于连续式重力均化库,其均化效果主要与卸料时有多少物料层有关。进入生料称重仓的物料层数越多,均化效果越好。因此凡是影响重力流动切割物料层数的就一定会影响均化效果。此类均化库生料卸空率较高,相比 IBAu 库其结构简单,且施工比较容易,自动化水平高,均化效果好。由库底充气卸料斜槽带入的气体(一般由罗茨风机提供),经过库顶的收尘器收尘,并使库内形成一定的负压。在生料称重仓附近设置了一个袋收尘器用于处理称重仓充气卸料带入的空气,使卸料作业区保持负压状态。

出库生料由空气输送斜槽送至称重仓,在仓底设有手动闸板阀、气动流量控制阀与生料转子计量秤组成的一套喂料计量系统,如果生料转子计量秤发生故障可以用生料计量固体流量计作为备用;计量后的流量信号反馈给气动流量控制阀,及时通过调节气动流量控制阀的开度来控制喂料量,计量后的生料由空气输送斜槽和入窑提升机送入预热器。生料入窑设有 1 台袋收尘器,用于入窑提升机、称重仓、空气输送斜槽的收尘,净化后的气体由风机排入大气。设置在称重仓上的 3 台荷重传感器,既可用于控制均化库底卸料流量阀的开度,保持称重仓内料位的稳定,又可对计量秤进行在线标定。入窑系统的示意图如图 3-14 所示。

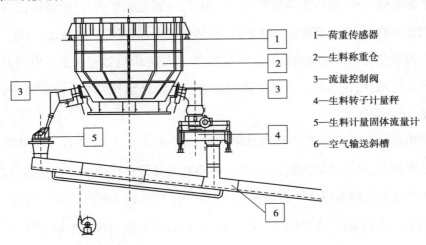

1—荷重传感器

2—生料称重仓

3—流量控制阀

4—生料转子计量秤

5—生料计量固体流量计

6—空气输送斜槽

图 3-14　入窑系统

3.3.3 烧成系统

熟料的煅烧过程主要分为预热、分解和烧成 3 个阶段,但这 3 个阶段的温度要求不同:预热阶段温度要求不高,但吸热量很大;烧成阶段温度要求高,且要停留一段时间。传统的回转窑生产水泥熟料时,三个阶段皆在回转窑内进行。回转窑中,气流与物料接触面积小,传热速率低,是不理想的传热传质设备。

1)悬浮预热器

为节约能源,充分利用水泥生产中的余热,德国洪堡公司于 20 世纪 50 年代以出窑高温废气为载热介质,在窑尾安装悬浮预热器(Suspension Preheater, SP),从根本上改变了物料预热过程的传热状态,将窑内堆积状态下的预热,转移至悬浮预热器内悬浮状态下进行,气流与物料充分接触,传热速率快,传热效率高。

悬浮预热器是新型干法水泥生产过程的核心设备之一,承担着气固分散、物料加热、气固分离、物料输送及部分化学反应等多项功能。其中,旋风内筒是预热器的关键部件,可以避免物料的二次循环,导致能源浪费;同时还可以避免因物料流短路、紊流而导致分离效率降低,热耗增高,甚至管道堵塞、停产等。

悬浮预热器有旋风预热器和立筒预热器,但旋风预热器在各个方面都表现出很大的优越性,在水泥行业已取得优势地位。悬浮预热器单元由旋风筒、换热管道、出风管等组成。

预热器内物料与气体相比,固体浓度较小,一般在 $0.2 \sim 1.0 \ \text{kg/m}^3$,要使其换热效率较高,必须增加换热面积,即生料要充分暴露在气流中,使得颗粒与气体的换热速率大幅地提高。可以预见,即使气体与生料之间换热非常充分,即气体热全部传给生料,达到理想的热平衡状态,其单级换热效率也是有限的,一般只能回收 20% 左右,因此旋风预热器由多个预热器单元组成。现在一般为四级预热器,也有五级、六级预热器,如图 3-15 所示(图中 C_1 代表第 1 级悬浮预热器,以下类推)。旋风筒主要起气固分离作用,传热只占很小一部分。换热管道是旋风预热器系统中的重要装备,在第 2、3、4 级预热器的顶部,有连接管道通向相对应的上一级预热器,它不但承担着上下两级旋风筒间的连接和气固流的输送任务,同时承担着物料分散、均布、锁风和气、固两相间的换热任务。换热管道除管道本身外还装设有下料管、撒料器、锁风阀等装备,它们同旋风筒一起组成换热单元。

旋风式悬浮预热器的工作过程大致是:生料由 C_1、C_2 旋风筒之间的换热管进入,与来自 C_1 旋风筒的气流同流换热,被高速带入 C_1 旋风筒,在该筒内气、料进行分离,气体由出风管排出,物料则进入第 C_2、C_3 级旋风筒之间的风管之中,被来自 C_3 旋风筒的热气流吹散,悬浮在气体之中换热,被高速带入 C_2 旋风筒内,再次进行气、料分离。这样依次经过各级旋风筒,最后经末级旋风筒进入窑内。由窑尾排出的高温气体,首先经过末级旋风筒,再依次经过各级旋风,由 C_1 级旋风筒排除。

预热器规格大小主要取决于生产规模、分离效率的组合配置形式、预热器结构形式、预热器热效率、预热器框架土建投资等。目前国际上通常有三大流派:第一种采用大直径旋风筒,并采取适当措施提高分离效率、降低阻力损失,这类预热器属于"矮胖型"预热器;第二种采用小直径旋风筒,虽然截面风速较高,但由于采用其他措施,其分离效率和热效率也较高,这类预热器属于"细长型"预热器;第三类预热器处于两者之间,属于"适中型"预热器。

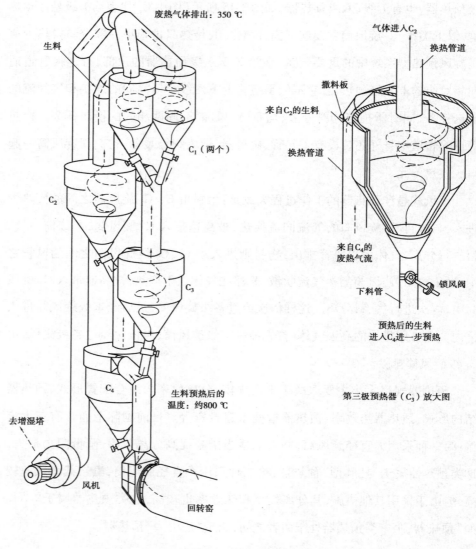

图 3-15　旋风预热器

2）预分解窑

预分解窑是在悬浮预热器和回转窑之间增设一个分解炉,在分解炉内喷入30%～60%的燃料,使燃料燃烧的放热过程与碳酸盐分解的吸热过程同时在悬浮态或流态化下迅速进行,是一种高效率的直接燃烧式固相与气相热交换装置。在分解炉内,由于燃料的燃烧是在激烈的紊流状态下与物料的吸热反应同时进行,整个炉内几乎都变成了燃烧区,所以不能形成可见辉焰,而是处于 820 ~ 900 ℃低温无焰燃烧状态。这样可以减轻窑内煅烧的热负荷,有利于缩小窑的规格及生产的大型化,使水泥生产过程具有高效、优质、低耗、符合环保要求和大型化、自动化的特征。

目前国际上预分解窑的类型有 50 余种,分类方法不一。按分解炉内气流与物料运动特征和入窑燃烧空气和窑气的流程综合分类,见表 3.2。

表 3.2　预分解窑综合分类表

按分解炉特征分类	按气体流程分类		
	不设专用风管,炉用空气窑内通过	专用风管,窑气入炉	专用风管,窑气不入炉
旋流式	SF 改进型	SF 型,N-SF 型 C-SF 型,GC 型	SF 型双系列预热器 FCB 型双系列预热器
喷腾式	FLS(FLC-E)型	FLS(SLC)型,DD 型	FLS 型双系列预热器
旋流-喷腾式		RSP 型,KSV 型,N-KSV 型	
悬浮式	派洛克朗-R 型 普列波尔-AT 型	派洛克朗-S 型 普列波尔-AS 型	
沸腾式			MFC 型,N-MFC 型

3）回转窑

回转窑是水泥熟料煅烧系统中的主要设备,由筒体、传动装置、托轮和挡轮支承装置、窑头和窑尾密封装置,窑头罩及燃烧装置等部分所组成。它是一个有一定斜度的圆筒,斜度为 3% ~3.5%。

回转窑借助自身的转动来促进物料在其内部进行搅拌,使物料互相混合和接触并进行反应。物料依靠回转窑的筒体的斜度及回转窑的转动,在窑内向前运动,完成水泥熟料的煅烧过程并被送入冷却机,如图 3-16 所示。

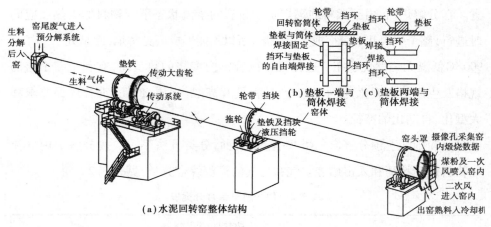

图3-16　回转窑

回转窑自1885年诞生到现在,已经历了多次重大技术革新,主要包括对窑本身的改进和将某些熟料形成过程移到窑外以改善换热和化学反应条件。1928年立波尔窑的诞生,1932年旋风预热器专利的获取,1950年旋风预热窑的出现,1971年预分解窑的推广应用,把水泥工业发展推向了新的阶段。

回转窑是水泥熟料煅烧系统中的主要设备,也是水泥熟料矿物最终形成的煅烧设备,具有以下5个功能:

①燃料燃烧功能。回转窑是一个燃料燃烧装置,具有大的燃烧空间和热力场,可以提供足够的空气,保证燃料的充分燃烧,为水泥熟料煅烧提供必要的热量。

②气、料热交换功能。回转窑是一个热交换装置,窑内形成比较均匀的温度场,可以满足水泥熟料形成过程各个阶段的换热要求。

③化学反应功能。回转窑是一个化学反应器,随着水泥熟料矿物形成不同阶段的不同需求,窑内可分阶段地满足不同矿物形成对热量、温度的要求,又可以满足它们对时间的要求。

④物料输送功能。回转窑是一个输送设备,完成生料从窑尾(又称冷端或进料端)到窑头的输送(物料在窑内被带起、落下,翻滚前行)。

⑤降解利用废弃物中的有害物质功能。回转窑所具有的高温和稳定的热力场性能,使其成为降解利用各种有毒、有害、危险废弃物的最好装置。

以上功能反映出了回转窑的强大优势,但也存在着缺点和不足:主要是窑内炽热气流与物料之间"堆积态"换热,分散度低,因此换热效率低,从而影响其应有生产效率的充分发挥和导致能源消耗的降低;再有就是生料在窑内煅烧带的高温、富氧条件下燃烧,NO_x 等有害成分大量形成,造成大气污染。

传统的水泥生产回转窑内,按不同物理化学反应和温度场可粗略划分为 6 个带:

①干燥带:生料由窑尾进入,利用窑尾废气蒸发生料中水分。实际上物料的温度在 20 ~ 50 ℃进入窑系统,气流温度为 200 ~ 400 ℃,当物料达到一定温度水分迅速蒸发,到约 150 ℃,水分全部蒸发。

②预热带:物料温度为 150 ~ 750 ℃,气流温度为 400 ~ 1 000 ℃。物料快速升温,黏土中的有机质开始进行干馏和分解,同时碳酸镁开始分解。

③分解带:分解带物料温度为 750 ~ 1 000 ℃,气流温度为 1 000 ~ 1 400 ℃。物料进入分解带后,碳酸盐开始分解,吸收大量热,物料升温减缓。同时分解产生大量气体,使粉末处于流态,物料运动速度加快,因此要完成分解任务,需要一段较长的距离。分解带占回转窑长度比例较大。

④放热反应带:放热反应带物料温度为 1 000 ~ 1 300 ℃,气流温度 1 400 ~ 1 600 ℃。碳酸盐分解的氧化物开始进一步发生固相反应,形成熟料矿物。因反应放热和火焰传热,物料迅速升温,放热反应带长度占全窑比例较小。

⑤烧成带:烧成带物料温度为 1 300 ~ 1 450 ℃,直接由火焰加热。在烧成带,开始出现液相,硅酸二钙与游离氧化钙反应生产硅酸三钙。硅酸三钙的生成速度随着温度的升高而激增,烧成带必须保证较高的温度,在不损害窑皮的情况下,适当提高温度,可以促进熟料的迅速生成,提高熟料产量。一般物料在烧成带的停留时间为 15 ~ 20 min,烧成带的长度取决于火焰的长度,一般为火焰长度的 0.6 ~ 0.65 倍。

⑥冷却带：在冷却带中烧成的熟料温度下降至约1 300 ℃，液相凝固成为坚固的灰黑色颗粒，进入冷却机进一步冷却。

在新型的悬浮预热分解窑和窑外分解窑中，干燥带、预热带和部分分解带被移至窑外，预热过程在预热器内进行，碳酸盐分解主要在分解炉内完成，回转窑长度大幅缩短。回转窑内只剩下三种主要反应，相应可把窑划分为过渡带、烧成带和冷却带。

4）燃烧器

工业上，常用的煤燃烧方法有层燃燃烧法（直接燃烧未经加工的煤块）、煤粉燃烧法（原煤烘干磨粉后，将煤粉用喷燃法进行燃烧）和沸腾燃烧法（将低质、劣质碎煤用流态化原理进行燃烧）。因粉煤燃烧法燃烧效率最高，在水泥工业中应用最多。粉煤燃烧器在水泥煅烧中起着重要作用，将煤粉、空气混合物和燃烧所需的部分空气分别以一定的浓度和速度射入回转窑，在悬浮状态下实现稳定着火与燃烧。

20 世纪70 年代以前，回转窑广泛使用的是单风道燃烧器，其结构简单，喷煤管只有一个风煤通道，是一根很长的、前端有一小段较小直径的圆管。火焰形状一般是固定的，无法自由调整，火焰纵向位置的调整只能依靠喷煤管沿窑长方向的移动来调整。此外，由于煤粉与空气之间的相对速度为零，煤、风混合率低，燃烧不良，在喷管前端有一段较长的黑火头（火焰开始着火部分至燃烧器喷出口的距离），从而不得不加大过剩空气供应，一次风（随煤粉一起喷入窑内的空气）量较高才能达到喷出的风速要求，一般占助燃总风量的20% ~ 30% 。

我国较早引进的和之后国内自主研发的煤粉燃烧器，基本上都是三风道煤粉燃烧器，随着技术的革新，出现了四通道和燃烧两种以上燃料的五风道新型燃烧器等多风道新型粉煤燃烧器，采用煤、风和净风从各自通道以不同的速度和方向进入窑内，加快风、煤之间的混合，提高了煤粉的燃烧速率与火焰温度。其中比较典型的是三通道喷煤管，利用直流、旋流组成的射流方式来强化煤粉燃烧过程。内风道与外风道为净风道，内风道的出口装有旋流叶片，可以在中心造成回流,以便卷吸高温烟气。外风道采用直流风,具有很强的穿透能力,使煤粉气流着火后的末端湍流强度增加,大大加强了固定碳的燃尽。中间通道为输送煤粉的通道,也称煤风道。煤风采用高压输送,煤粉浓度高,流速较低,风量较小,着火所需求的热量就较少,有着良好的着火性能。三股风在出口处汇合形成了同轴旋转的复杂射流,操作时通过改变内、外风速度和风量比例,可以灵活调节火焰形状和燃烧强度,以满足窑内煅烧熟料温度分布的要求。当旋转强度大时,火焰变得粗短,高温带会相对集中;反之,火焰会被拉长。煤粉燃烧器采用吊架式移动小车或地轨式移动小车调整伸进回转窑内深度,可使喷煤嘴前后伸缩,达到调整火焰位置和稳定热工制度的目的。

煤粉燃烧器和三风道煤粉燃烧器的结构示意图分别如图 3-17 和图 3-18 所示。

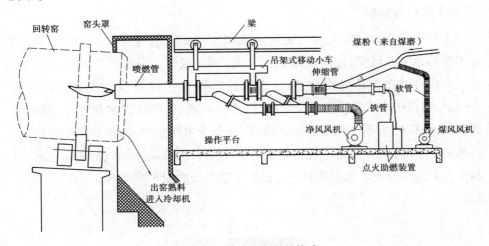

图 3-17　煤粉燃烧器的构成

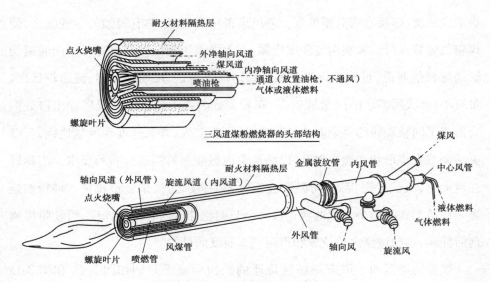

图 3.18 三风道煤粉燃烧器

5）熟料冷却机

水泥熟料烧成过程完成出窑后,必须进入冷却机急速冷却:一方面可以回收出窑熟料中的热量,提高入窑二次气流温度,或作为三次风送到分解炉等。另一方面可以改善熟料质量,防止水硬性好的 $\beta\text{-}C_2S$ 转变为没有水硬性的 $\gamma\text{-}C_2S$,熟料矿物结晶长大或完全结晶,活性降低,影响水泥水化速率;使熔融的 MgO、$f\text{-}CaO$ 来不及结晶而呈玻璃态,存在于中间相中,改善熟料安定性,提高熟料易磨性;使 C_3A 来不及结晶而处于玻璃体中,提高水泥抗硫酸盐性能,且易于控制凝结时间。水泥熟料冷却机的主要类型如图 3-19 所示。

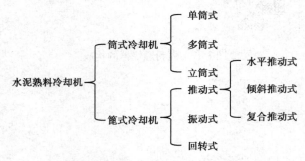

图 3-19 水泥熟料冷却机的主要类型

在冷却机出现之前,熟料被卸于露天场地,自然冷却,造成熟料热量损失,熟料质量下降。19 世纪末,单筒冷却机问世,具有工艺流程、操作、结构简单,运转可靠,无废气和粉尘排放等优点,但其冷却风量较小,高温熟料难以骤冷,散热损失较大。1910 年德国克虏伯·格罗生(Krupp Gruson)公司把多筒冷却机应用到水泥工业,但由于自身结构上无法避免的缺陷(如无法单独设立三次风管),在窑外分解窑中的应用大受限制,只能用于一些与之配套的特殊窑型,如普列波尔-AT 型、派罗克朗-S 型等。

随着技术不断革新,篦式冷却机诞生。篦式冷却机属穿流骤冷式气固换热装备,冷空气以垂直方式穿过熟料,使熟料快速冷却。

第一代篦式冷却机为富勒型推动篦式冷却机,为统一供风,薄料层操作,冷却空气"短路""吹穿"以及"红河"(篦冷机冷却效果恶化,高温熟料在篦床上保持较长时间)、"雪人"(熟料从窑口掉落到篦冷机篦板上堆积,冷却后十分坚硬)现象经常出现,冷却效果差,篦板易被烧毁。

第二代为厚料层推动篦式冷却机,采用多段篦床,优化篦床宽度,均匀布料,加强密封及重点采用厚料层操作等改进措施,"短路"及"红河"现象仍未彻底解决。

第三代控流式篦冷机,采用了"阻力篦板",相对减小了熟料料层阻力变化对熟料冷却的影响;采用"空气梁",热端篦床实现了每块或每个小区篦板,根据篦上阻力变化,调整冷却风量;同时,采用高压风机鼓风,减少冷却空气量,增大气固相对速度及接触面积,从而使换热效率大为提高。采用"阻力篦板"解决了由于熟料料层分布不均带来的各种问题,但其动力消耗高,同时,使用活动篦板推动熟料运动,会造成篦板间及有关部位之间的磨损。

目前已发展为第四代的无漏料、静止篦床实施供风和移动推杆式推动熟料、无下风室的交叉棒式篦冷机,具有模块化、无漏料、磨损少、热量回收率高、运转率高和自重低等特点。

在水泥行业中,第一代、第二代篦冷机已逐渐被淘汰,第三代、第四代篦冷机占据主要地位。各种篦冷机性能指标见表3.3。

表3.3　各种篦冷机性能指标

类型	单位篦床面积产量 /[t · (m⁻² · d)]	单位冷却风量 /[m³ · (kg⁻¹ 熟料)]	热效率 /%
第一代富勒型篦冷机	25~27	3.4~4.0	<50
第二代厚料层篦冷机	32~34	2.7~3.2	65~70
第三代控流式篦冷机	40~55	1.7~2.2	70~75
第四代推动棒式篦冷机	45~55	1.5~2.0	72~76

SF(Smidth-Fuller,史密斯-富勒)交叉棒式第四代篦冷机(图3-20),其熟料输送与熟料冷却是两个独立的结构,篦床上的篦板全部固定不动,熟料由篦床上部的推料棒往复运动推动熟料向尾部运动。来自鼓风机的冷风送至装有自动调节阀的篦板,再穿透熟料层,对熟料进行冷却。具有模块化、无漏料、磨损少、列运动、输送效率高、热回收效率高、运转率高、质量轻等特点,成为当前水泥工业冷却机发展的主流。

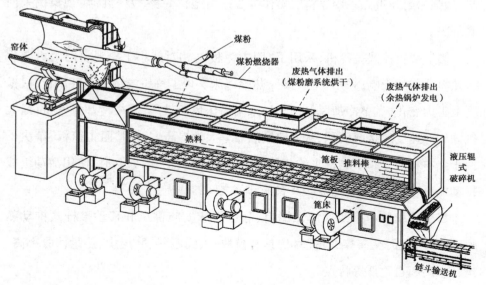

图3-20　第四代篦式冷却机(交叉棒式)

我国天津水泥研究设计院、南京水泥研究设计院、南京凯盛国际工程有限公司等相继开发出了 TC、NC、KC 型第四代篦式冷却机。KC4 篦冷机为列进式冷却机，列数与其配套生产线的产能直接相关，产能越大，列数越多。每列篦床由液压缸驱动实现往复运动。为防止篦床跑偏，采用了挡轮和纠偏托轮相结合的防跑偏结构，保证了篦床运行的直线度，同时该结构也最大限度地降低了 KC4 篦冷机的润滑点数量，减少了日常检修维护的工作量，提高了运行可靠性。KC4 篦冷机每列篦床之间采用双迷宫密封结构，独特的双迷宫密封结构密封条是专利技术，可有效防止漏料并提高密封条的抗磨损性能，增加其使用寿命。

电解锰渣煅烧的目的是实现脱硫，与水泥生产相比，存在一定差异。该系统可分为电解锰渣预热、回转窑活化煅烧、冷却破碎三大部分。

（1）生料预热

南京凯盛国际工程有限公司开发的高效低阻预热器 KPS 介于"细长型"和"矮胖型"之间，其截面风速适中，并采用"四心大蜗壳"原理。预热器由三级旋风筒和连接旋风筒的气体管道、料管构成。干燥锰渣粉经计量后由斗式提升机、空气输送斜槽送入二级旋风筒气体出口管道，在气流作用下立即分散、悬浮在气流中，并进入一级旋风筒。气料分离后，料粉通过重锤翻板阀转到三级旋风筒气体出口管道，并随气流进入二级旋风筒。这样经过多次热交换后，干燥锰渣粉得到充分预热，随之喂入窑内；而废气沿着逐级旋风筒及其出口管道上升，最后由第一级旋风筒出风管排出，进入后续废气处理系统。

出预热器废气经热风管输送，由预热器风机送至电收尘器，净化后的气体经热风管道送至制酸工艺工段。电收尘器回灰可以经过链式输送机、斗式提升机输送，经电动闸板阀直接转送至带式输送机，输送至烘干破碎机；也可经电动闸板阀控制送至窑灰仓，经螺旋计量秤计量后，再次通过斗式提升机转运至带式输送机。

为防止气流沿下料管反串而影响分离效率，在各级旋风筒下料管上均设有带重锤平衡的翻板阀。正常生产中应检查各翻板阀动作是否灵活，必要时应调整重锤位置,控制翻板动作幅度小而频繁,以保证物料流畅、料流连续均匀,避免大幅度的脉冲下料。

预热器系统中,各级旋风筒依其所处的地位和作用侧重之不同,采用不同的高径比和内部结构形式。一级旋风筒采用高柱长内筒形式以提高分离效率,减少废气带走飞灰量;各级旋风筒均采用大蜗壳进口方式,减小旋风筒直径,使进入旋风筒气流通道逐渐变窄,有利于减少小颗粒向筒壁移动的距离,增加气流通向出风管的距离,将内筒缩短并加粗,以降低阻力损失,各级旋风筒之间连接风管均采用方圆变换形式,增强局部涡流,使气料得到充分的混合与热交换。正常情况下,系统阻力损失约 3 600 Pa,总分离效率可达 92% 以上,出一级筒飞灰量小于 80 g/Nm^3,废气温度为 200 ~ 250 ℃。

预热器在生产中必须充分重视可能发生的结皮堵塞现象,并在生产操作中严加防范。一般在系统易结皮或堵塞部位均设有清灰孔或捅料孔,可根据实际生产具体情况定期予以清理结皮或处理积料,经长期生产经验证实某些不必要的孔洞也可封死,以减少系统漏风。此外,为了在生产中能及时发现并清除旋风筒锥部物料的过多沉积,各级筒进出口均设有温度、负压检测,锥体部位还设有环形吹堵设备,一旦旋风筒锥部积料堵塞,该检测系统负压变化至一定极限值,中控操作系统就会报警显示,中控操作员需通知现场巡检工及时处理。与水泥窑煅烧工艺流程不同,该工艺流程中工艺气体内含 SO$_2$ 浓度较高,最高可达 10%,生产操作人员需要严格按照化工厂生产操作规程,做好安全防护及应急工作。

(2)回转窑活化煅烧

采用 Φ5.2×82 m 回转窑,回转窑的斜度为 3.5%,三档支承,窑体的转速为,主传动:0.361 ~ 3.61 r/min,辅助传动:7.46 r/h。窑主电机功率 560 kW,辅助传动电机功率 45 kW。

预热后的热生料喂入窑进料端,并借助窑的斜度和旋转、慢慢地向窑头运动,在烧成带用窑头燃料所提供的燃烧热将其烧结成脱硫锰渣。窑尾和窑头配有特殊的密封圈,除主电机外,还设有辅助传动电机供特殊情况下使用,各托轮轴承为油润滑、水冷却,配置的液压挡轮调节筒体上下窜动。

此外,与水泥窑不同的是,该生产线在回转窑上设置 6 台三次风机,风机的用电通过设置在回转窑上的 3 个滑环进行控制,单台风机额定风量为 4 200 m³/h,操作中通过调节风机的开、关及阀门开度来控制入窑空气量,使窑内保持适当的高温煅烧带长度并维持微氧化气氛,满足煅烧工艺的要求。由于三次风机风管插入窑内,可能出现被脱硫锰渣堵塞及结皮严重的现象,需要定期对该部位进行清理检修。

回转窑上设置的滑环供电装置由滑环和集电器组成,滑环通过支架固定在回转窑筒体表面,并在滑环和筒体表面之间设置了隔热层,集电器由电刷及摆杆组成,摆杆为多自由度支杆,允许滑环位置有 200 mm 左右的摆动。为了保证热态下电刷与滑环很好地接触,建议热态下电刷的中心线与滑环中心线相齐,即在安装时,电刷中心线与滑环中心线应根据安装位置的不同偏移合适的距离。

窑内煅烧所需的燃料来自煤粉计量、输送系统,通过燃烧器喷入窑内,与一次风机的冷风和二次热风及回转窑上提供的三次冷风一起进入窑内混合燃烧。需要注意的是,在回转窑煅烧过程中,回转窑内可能存在煅烧工况不稳定的现象,会导致部分升华硫的产生。

回转窑使用的燃烧器是 RDF 燃烧器,由外向里分别有外风通道、煤粉通道、旋流风通道以及中心风通道、油枪通道及 RDF 通道,通过各个通道的风量调节和煤粉的匹配控制,可以有效地调节火焰形状,并提高电解锰渣脱硫效率。

燃烧器吊装在电动移动小车上,可上下、左右、前后移动以满足煅烧要求。另外,窑头还设有一套供窑点火用的燃油系统,包括油罐、油泵、阀组、管路系统及压缩空气驱动的喷枪装置等。

与水泥窑燃烧器不同的是,国内某企业生产线窑头燃烧器中部设置的 RDF 通道向回转窑内喷射一定量的粗煤粉,用来调节火焰长度和火焰的最高温度,调节窑内气氛。根据实验研究,锰渣脱硫效率最高时煅烧温度在 1 150 ℃左右,并且适合高效率脱硫反应发生的温度区间非常窄,在 1 100 ~ 1 150 ℃,超过该温度区间,电解锰渣容易被烧成流动的黏稠状液体,对脱硫锰渣的冷却带来负面影响;而低于该温度区间时,脱硫反应的效率会下降,反应产物 SO_3 含量会超标,对后续活化脱硫锰渣的利用带来影响。因此,控制火焰温度将成为煅烧锰渣脱硫的重要措施之一。另外,采用粗颗粒煤粉,可以延长烧成带长度,以满足锰渣脱硫反应停留时间的需求。

（3）冷却破碎

国内某企业冷却装置采用南京某企业自主研发的第四代列进式冷却机,箅床有效面积 55.8 m^2,采用液压传动,设计冲程次数:0 ~ 7.5 次·min^{-1},箅床冲程 300 mm。该冷却机的整个箅床无漏料装置,箅床下不再设灰斗和拉链机。脱硫锰渣从窑口卸落到箅床上,在箅床输送下,沿箅床全长分布开,形成一定厚度的料床。冷却风由冷却风机从料床下方向上吹入料层内,渗透扩散,对脱硫锰渣进行冷却。箅式冷却机对来自回转窑约 1 100 ~ 1 150 ℃的炽热脱硫锰渣,通过新型控制流高阻箅板进行快速急冷。在箅板下还配套自适应调节风门,当冷却空气通过阻力较小时阀门就自动减小其开度,以降低通风量防止物料被吹透;当冷却空气通过阻力较大时阀门就自动加大其开度,以增加通风量增强对脱硫锰渣的冷却效果。固定箅板冷却空气通过风机——风室——自适应流量调节阀——各固定箅板单元;活动箅板冷却空气通过风机——风室——自适应流量调节阀——各活动箅板单元。

高温脱硫锰渣从固定箅床推进至后续箅床,经各冷却风机鼓入空气冷却至环境温度+65 ℃,并经脱硫锰渣破碎机破碎至≤25 mm(占 90% 以上)以便输送、储存和粉磨。同时,风机鼓入的冷却风经热交换吸收脱硫锰渣中的热能后作为二次风入窑,多余废气将通过旋风收尘器收尘后,由引风机接入煤磨及烘干破碎系统。窑头负压可通过调节引风机前的百叶阀开度及引风机电机转速来调节控制。

3.3.4 煤粉制备与焦煤粉磨系统

煤粉制备系统的选择,必须考虑各种因素,例如:煤的资源及运输的稳定性、原煤质量及稳定性、原煤水分及烘干热源情况、煤粉制备工序与水泥窑等用煤地点的相对位置、设备情况等。新型干法回转窑用粉煤制备设备主要有风扫式钢球磨机(风扫磨)和立式辊磨机,风扫磨运行稳定,操作维护简单,但粉磨效率低、能耗高、噪声大、工艺流程复杂;立式辊磨机能耗低,体积小,但设备投资高,操作维护技术要求高。

现简单介绍一下国内某企业锰渣处理工艺。该系统包含了原煤破碎、焦炭及原煤预均化、煤粉制备和计量输送车间。

1)原煤破碎

原煤和焦炭末在堆棚中通过装载机送至原煤破碎进料斗,经破碎后运至带式输送机;不需要破碎的原煤及焦炭末通过装载机送至旁路进料斗,经过预给料机运至带式输送机。带式输送机再将物料运送至焦炭及原煤预均化堆场的堆料皮带。

2)焦炭及原煤预均化

原煤和焦炭末经带式输送机送至堆料机堆料皮带上,并由堆料机分别分层堆料。不同品质的原煤或者焦炭末在堆料的过程中被料堆椎体离析,层层铺开。取料时,侧式刮板取料机利用侧刮板在料堆一侧刮取。每层原煤同时经由取料机取料,完成了原煤及焦炭末的预均化。取出的原煤及焦炭末经由带式输送机分别送至煤粉制备和焦炭粉磨车间。

3)煤粉制备

预均化好的原煤经过输送后,被储存在原煤仓。通过原煤仓简单的存储和计量,原煤仓不仅弥补了上一级的不连续、不均匀的运输缺点,也为原煤仓下定量给料机的准确、连续地称量提供保障。

煤磨采用一台辊式磨煤机,烘干热源来自出篦冷机的废气,废气温度为170 ℃,经冷风阀调温后入煤磨。当原煤水分≤10% 时,出磨煤粉水分≤1%;当原煤粒度≤30 mm 时,煤粉细度为80 μm 筛;当筛余<12% 时,系统产量为15 t/h。磨盘转动时,原煤在磨床上不断受到辊子的碾压粉碎,并在磨盘转动离心力的作用下逐渐向磨床外沿泛出至周边风环,进而受入磨热风携带上升,同时又被快速烘干。经磨体上方选粉机筛选合格细度的煤粉被气流带出磨机,随气流一起进入防爆型气箱脉冲袋收尘器;经除尘净化后的废气由煤磨排风机排入大气,排放浓度<30 mg/Nm³。捕集的合格煤粉由螺旋输送机分别送往煤粉仓储存待用。

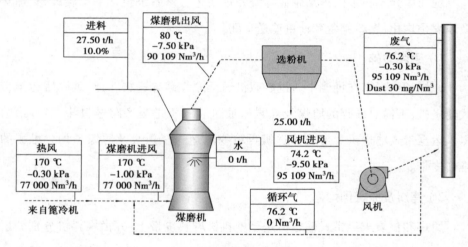

图 3-21　粉煤制备系统

4）煤粉计量及输送

本工段设有 3 个煤粉仓,仓底各设有一套给煤计量系统,将煤粉按一定比例分别送至窑头和窑尾热风炉。每个仓上分别设有三个荷重传感器。煤粉仓内的煤粉经计量秤计量后,由气力输送至窑头和窑尾热风炉。为保证回转窑和窑尾热风炉的连续运行,共设有 4 台罗茨风机,分别作为窑头喷煤管和窑尾热风炉煤粉输送的备用风机,窑头喷煤管细煤粉用主送煤风机、窑头喷煤管粗煤粉用主送煤风机、窑尾热风炉用主送煤风机。

3.4　工艺参数调控

3.4.1　实验室研究

1）原料

实验原料为干锰渣、石膏、焦炭末，表 3.4 和表 3.5 是对原料的检测结果。在氮气气氛下，采用管式炉对电解锰渣进行焙烧，收集数据确定锰渣脱硫产生 SO_2 的最佳条件。

表 3.4　焦炭末的工业分析（单位：%）

名称	Mad	Aad	Vad	Fcad
焦炭末	0.18	14.46	2.52	82.84

表 3.5　原料的化学成分分析（单位：%）

名称	LOSS	SiO_2	Al_2O_3	Fe_2O_3	CaO	MgO	K_2O	Na_2O	SO_3	Cl
干锰渣	26.91	29.05	5.66	3.35	13.03	3.63	0.62	0.59	28.27	0.03
焦炭灰成分	—	38.75	17.74	10.06	17.83	8.10	0.77	0.39	3.71	0.07

2）反应温度

SO_2 的浓度变化很大程度上取决于焙烧温度。图 3-22 显示了不同焙烧温度下电解锰渣释放 SO_2 的浓度-时间曲线。在 700 ℃和 800 ℃时，SO_2 释放浓度较低，电解锰渣中的硫分解为 SO_2 的过程没有完成；在 900 ℃时，SO_2 的浓度显著增加，较高的焙烧温度有利于电解锰渣的分解，释放的 SO_2 越多。

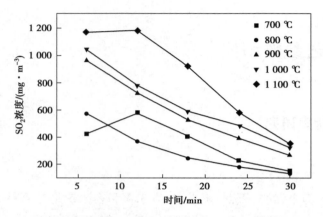

图 3-22　不同焙烧温度下电解锰渣释放 SO_2 的浓度-时间曲线

3）焦炭添加量

添加不同比例焦炭的电解锰渣在不同温度下分解产生 SO_2 的实验结果见表 3.6 和图 3-23。整体上 SO_2 的初始产率和电解锰渣的分解速率随焦炭添加比例的增加而增加。如图 3-23（a）、（b）所示，在 700 ℃和 800 ℃时，有无焦炭条件下，SO_2 浓度变化不大且浓度较低，电解锰渣还原分解为 SO_2 的过程可能没有完成。可见，在该温度下，电解锰渣的分解反应主要取决于温度，还原剂焦炭对反应过程影响较小。在如此低的温度下，电解锰渣还原分解为 SO_2 的过程可能没有完成，或者 CaS 的生成占优势。如图 3-23（c）所示，在 900 ℃时，SO_2 浓度显著增加，焦炭质量分数为 8%时 SO_2 浓度最大为 1 797 mg/m³；如图 3-23（d）所示，在 1 000 ℃时焦炭质量分数为 4%时 SO_2 浓度达到最大值，为 3 513 mg/m³；如图 3-23（e）所示，在 1 100 ℃时，SO_2 浓度迅速降低，焦炭质量分数为 2%时，SO_2 浓度达到最大值，为 1 405 mg/m³。在温度 1 000 ℃下，焦炭质量分数为 4%时，分解几乎完成，SO_2 达到最大转化率。在较低温度下，SO_2 的释放总体受到抑制，但随着焦炭添加量的增加而增加；在较高温度下，随着温度的升高，SO_2 的释放受到促进。当焦炭质量分数增加到一定量时 SO_2 释放完全，表明在较低温度下，生成 CaS 占主导地位，只有少部分 CaS 转化为 CaO；在较高温度下，温度越高，$CaSO_4$ 与 CaS 反应的程度越大，消耗的 CaS 越多，释放的 SO_2 越多。

表 3.6　电解锰渣焙烧后样品中 SO_3 质量分数

添加焦炭 质量分数/%	SO_3 质量分数/%				
	700 ℃	800 ℃	900 ℃	1 000 ℃	1 100 ℃
0	21.25	18.81	13.69	7.81	0
2	18.59	16.35	6.46	0.97	0
4	18.43	15.03	2.17	0	0
6	17.85	14.40	0	0	0
8	16.23	13.78	0	0	0

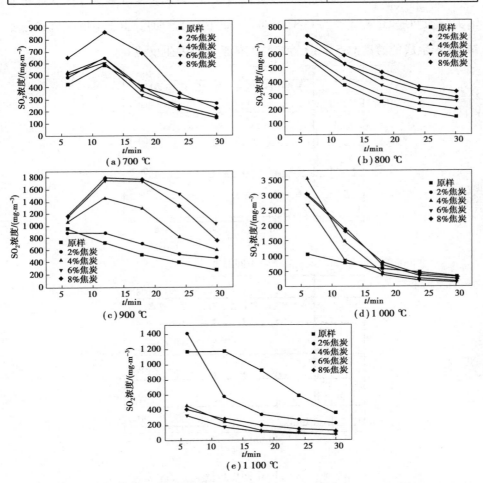

图 3-23　不同焙烧温度下添加不同质量分数的焦炭电解锰渣释放 SO_2 的浓度-时间曲线

4)产物分析

在不同温度下,焙烧过的电解锰渣的 XRD 分析如图 3-24 所示。图 3-24(a)中,其主要成分为无水石膏、石英、锰透辉石。随着温度的升高,电解锰渣焙烧后硫酸钙的峰强度逐渐减弱,在 1 100 ℃时,$CaSO_4$ 的峰强度消失,SiO_2 的峰强度减弱,表明随着温度的升高,电解锰渣中的 $CaSO_4$ 得到了有效的分解。如图 3-24(b)所示,焙烧后主要矿物为钙镁黄长石、石英、锰透辉石。添加还原剂焦炭在 900 ℃下焙烧后硫酸钙的峰强度显著减弱,当焦炭添加量大于 4%时基本消失,此时 $CaSO_4$ 被还原为 CaS,少部分 CaS 转化为 CaO。由于电解锰渣成分复杂,推测生成的游离 CaS、CaO 直接与其他反应物发生反应。

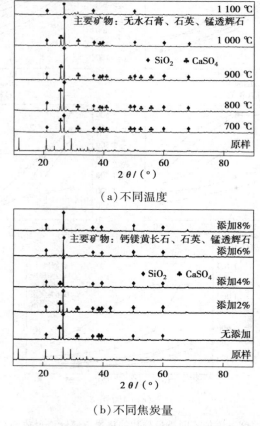

（a）不同温度

（b）不同焦炭量

图 3-24　电解锰渣焙烧分解产物 XRD 谱图

脱硫锰渣能否作为水泥混合材,其重要的衡量指标是活性指数(又称抗压强度比),即掺有混合材的水泥样品与不掺混合材的对比样品的 28 d 抗压强度比值。表 3.7 为 900 ℃、添加质量分数 4% 焦炭焙烧条件下焙烧固体产物的活性指数检测结果,该检测参考粉煤灰的活性检测方法——国家标准《用于水泥和混凝土中的粉煤灰》(GB/T 1596—2005),其中焙烧固体产物在水泥中的掺量为 30%,水泥比表面积控制为 350 m^2/kg。由表 3.7 可见,焙烧固体产物的 28 d 活性指数为 73%,GB/T 1596—2005 中规定,水泥活性混合材料用粉煤灰的活性指数应不小于 70%,焙烧固体产物满足该要求;国家标准《用于水泥中的火山灰质混合材料》(GB/T 2847—2005)对火山灰质混合材料的活性不小于 65%,焙烧固体产物满足该要求。

表 3.7　900 ℃,添加质量分数 4% 焙烧条件下固体产物的活性指数检测结果

龄期/d	样品名称	抗压强度/Mpa	抗折强度/Mpa	活性%
3	基准水泥	25.3	4.9	69
3	成品	17.4	3.8	69
7	基准水泥	36.4	6.3	69
7	成品	25.3	5.1	69
28	基准水泥	50.8	8.2	73
28	成品	36.9	7.3	73

3.4.2　半工业实验

1)实验系统

对电解锰渣进行放大半工业实验,热模实验系统工艺流程如图 3-25 所示,采用中空窑方式进行煅烧。生料通过提升设备输送到生料仓,再经下料螺旋输送机、下料管直接喂入窑尾烟室,物料由烟室进入回转窑进行煅烧,然后进入单筒冷却机进行冷却,最终得到锰渣脱硫成品。从预热器 C_1 排出的气流进入废

气管道,经过高温风机进入除尘器除尘,最后排放。

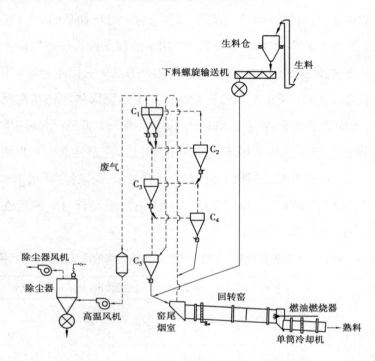

图 3-25　热模实验系统工艺流程图

2)过程控制

本次锰渣煅烧脱硫半工业试验的目标是煅烧成品 SO_3 含量低于 3% 。通过大量的实验室电炉试验,摸索得到锰渣脱硫的最佳煅烧温度为 1 150 ~ 1 200 ℃,需要的保温时间在 20 min 以上,据此设定试验回转窑控制参数如下:

投料温度:采用中空窑煅烧,窑头火焰温度控制为 1 200 ~ 1 300 ℃,窑尾烟室温度达到 600 ℃开始投料。

窑速:初步设定为 2 r/min,视情况进行调整,试验窑转速与物料停留时间的大致对照情况见表 3.8。

表 3.8　试验窑转速与物料停留时间大致对照

转速/(r·min^{-1})	1.0	1.2	1.4	1.5	2.0	2.5	3.0
停留时间/min	70	60	50	45	35	28	23

给料机转速:150 ~ 300 r/min,初步设定为 200 r/min,视情况进行调整。烟室 O_2 含量:控制目标为 1% ~ 2%。

3)实验方案

实验方案见表 3.9。

表 3.9　实验方案

原料	干锰渣	焦炭
方案一/%	100	0
方案二/%	96	4

4)结果与分析

(1)方案一(纯干锰渣)

表 3.10 给出了方案一不同时间出窑料取样的 SO_3 测定结果。由表 3.10 可见,该方案的脱硫效果均不理想,即便提高温度到物料烧结成大块,且物料在窑内停留时间控制在 70 min 以上,出窑料中 SO_3 含量也都在 5% 以上。这可能是由于在没有还原剂的情况下,锰渣的熔融温度与脱硫温度重合,易熔融矿物包裹了没有分解的硫酸盐,因此即使继续提高温度,硫也不能脱出。

表 3.10　方案一出窑料含硫量测定

序号	时间	SO_3 含量/%
1	11:06	17.82
2	12:20	13.94
3	12:45	7.93

续表

序号	时间	SO₃含量/%
4	12:55	8.99
5	13:00	8.74(大块)
6	13:30	6.05
7	14:00	6.72
8	14:30	10.15
9	15:00	7.71
10	15:30	7.47
11	16:00	7.75(大块)
12	16:10	5.10
13	16:30	5.53
14	17:00	5.96

对方案一的出窑成品又进行了一系列的检测分析。表 3.11 为方案一生料与煅烧成品的化学成分对比。

表 3.11　方案一生料与煅烧成品的化学成分对比(单位:%)

名称	LOI(无 SO₃)	LOI	SiO₂	Al₂O₃	Fe₂O₃	CaO
方案一生料	7.49	23.19	31.26	6.54	3.54	13.91
方案一成品	0.57	0.57	45.43	9.99	5.59	20.90
名称	MgO	K₂O	Na₂O	SO₃	Cl	
方案一生料	3.03	0.64	0.80	29.16	0.010	
方案一成品	3.36	1.00	1.24	7.16	0.006	

在不考虑煤灰掺入的情况下,根据表 3.11,可以按下列公式(3.1)计算料耗 k:

$$k = \frac{100 - \text{LOI}_{\text{成品}} - \text{SO}_{3\text{成品}}}{100 - \text{LOI}_{\text{生料}} - \text{SO}_{3\text{生料}}} \tag{3.1}$$

公式(3.1)中的生料烧失量应取不包含 SO_3 的生料 LOI,以免将 LOI 和 SO_3 重复计算,而成品经过了 1 000 ℃ 以上的煅烧,所以其烧失量中不考虑还含有 SO_3,也就是说成品的 LOI 和 SO_3 不存在重复计算的问题。据此可计算出方案一的料耗为 1.46。脱硫率 φ 可以按式(3.2)计算,并可得到方案一的脱硫率为 83.2%。

$$\varphi = \frac{1 - SO_{3成品}}{k \times SO_{3生料}} \tag{3.2}$$

实验过程中,对不同时间、不同形态的出窑成品进行了矿物成分分析。结果表明,方案一煅烧成品的主要矿物为无水石膏、石英和锰透辉石,没有出现水泥熟料的主要矿物。方案一因没有加入焦炭,导致锰渣中石膏没有完全分解,部分仅脱水为无水石膏。

表 3.12 为方案一煅烧成品的活性检测结果。这里的活性检测是参考粉煤灰的活性检测方法进行的,其中煅烧成品在水泥中的添加量为 30%,水泥比表面积控制为 350 m^2/kg。由表 3.12 可见,该煅烧成品作为水泥混合材的 3 d 抗压强度比为 44%,7 d 抗压强度比为 42%,28 d 抗压强度比为 53%,即活性指数为 53%,表明方案一的煅烧成品无活性。经过本次试验,可得出方案一的工业化生产不可行。

表 3.12　方案一煅烧成品的活性检测结果

龄期	样品名称	抗压强度/MPa	抗折强度/MPa	抗压强度比/%
3 d	基准水泥	25.3	4.9	
	添加 30% 方案一成品	11.1	2.2	44
7 d	基准水泥	36.4	6.3	
	添加 30% 方案一成品	15.1	2.8	42
28 d	基准水泥	50.8	8.2	
	添加 30% 方案一成品	26.7	5.0	53

（2）方案二（96%干锰渣+4%焦炭）

表3.13给出了方案二不同时间出窑料取样的SO_3测定结果。由表3.13可知，除时间点16:10的取样外，其余各个时间点的出窑料的SO_3含量都低于目标值3%，且多数低于2%，时间点15:00的出窑料SO_3含量低至0.4%。整个煅烧过程中，烟室氧含量一度高达8%，但并未显著影响到锰渣中硫的脱除，说明在有焦炭作为还原剂的情况下，锰渣的脱硫对窑内气氛并不十分敏感，但为了防止焦炭的损耗，在工业生产中还是应该控制弱氧化气氛。从本次试验来看，物料在窑内的停留时间只需达到30 min以上即可。温度对锰渣煅烧的影响最大，温度过高易导致窑内结圈、结大块，温度过低则达不到脱硫效果，甚至出现跑生料，烧结范围较窄的情况。

表3.13　方案二出窑料含硫量测定

序号	时间	SO_3含量/%
1	14:00	2.09
2	14:30	0.57
3	15:00	0.40
4	15:30	1.52
5	15:50	1.86
6	16:10	14.17
7	16:45	1.97
8	17:00	1.02
9	17:20	0.70（颗粒）
		0.69（大块）
10	18:00	1.45

取方案二出窑料又进行了一系列的检测分析。表3.14为方案二生料与煅烧成品的化学成分对比。通过上述的理论计算方法，方案二的理论料耗为1.61，脱硫率为99.2%。经矿物成分分析表明，方案二煅烧成品的主要矿物为钙镁黄长

石、石英和锰透辉石。

表 3.14　方案二生料与煅烧成品的化学成分对比

名称	LOI(无 SO_3)	LOI	SiO_2	Al_2O_3	Fe_2O_3	CaO
方案二生料	9.96	24.98	29.28	6.14	3.45	13.66
方案二成品	0.40	0.40	49.41	10.70	6.22	21.78
名称	MgO	K_2O	Na_2O	SO_3	Cl	
方案二生料	4.01	0.56	0.70	28.40	0.041	
方案二成品	4.20	1.23	1.77	0.36	0.008	

表 3.15 为方案二煅烧成品的活性检测结果。由表 3.15 可知,该煅烧成品作为水泥混合材的 3 d 抗压强度比为 69%,7 d 抗压强度比为 69%,28 d 抗压强度比为 73%,即活性指数为 73%,能够达到活性混合材的活性要求(如火山灰质混合材料对活性的要求为活性指数≥65%)。

表 3.15　方案二煅烧成品的活性检测结果

龄期	样品名称	抗压强度/MPa	抗折强度/MPa	抗压强度比/%
3 d	基准水泥	25.3	4.9	
	添加 30% 方案二成品	17.4	3.8	69
7 d	基准水泥	36.4	6.3	
	添加 30% 方案二成品	25.3	5.1	69
28 d	基准水泥	50.8	8.2	
	添加 30% 方案二成品	36.9	7.3	73

以上活性是在脱硫锰渣添加量为 30% 的情况下得到的,改变脱硫锰渣的添加量将显著影响水泥的强度。水泥的强度是评价水泥质量的重要指标,是划分水泥强度等级的依据。检测分析了脱硫锰渣添加量对水泥强度的影响,见表 3.16。显然,随着脱硫锰渣添加量的增加,各龄期抗压强度比均呈下降趋势。只需控制脱硫锰渣的添加量,就可以保证水泥产品的强度。

表 3.16   脱硫锰渣添加量对水泥强度的影响(单位:MPa)

成品添加量	3 d 抗压强度比	7 d 抗压强度比	28 d 抗压强度比
10%	88	84	87
20%	75	71	78
30%	69	69	73

为了验证脱硫锰渣对水泥性能的影响,将 30% 的方案二成品掺入水泥,并粉磨至 350 m^2/kg 的细度,然后检测其凝结时间、安定性和标准稠度用水量,结果见表 3.17。由表 3.17 可知,凝结时间和安定性均合格,标准稠度用水量为正常水平。此外,由表 3.14 可知,方案二成品中的烧失量、MgO、SO_3 和 Cl 含量均低于国家标准《通用硅酸盐水泥》(GB 175—2007)的限制指标,不会限制其添加进入水泥。通过控制脱硫锰渣在水泥中的添加量,完全可以保证水泥的强度。因而从技术指标上看,方案二的煅烧成品应当可以作为混合材添加进入水泥。

表 3.17   掺加 30% 方案二成品制备水泥的标准稠度用水量、凝结时间和安定性

标准稠度用水量/%	初凝时间/min	终凝时间/min	安定性
25.7	277	305	合格

重金属含量也是影响锰渣用于水泥生产的重要因素。目前,《通用硅酸盐水泥》(GB 175—2007)中没有对水泥重金属含量的限制指标,《水泥工厂设计规范》(GB 50295—2008)和《水泥窑协同处置固体废物环境保护技术规范》(HJ 662—2013)中对水泥中重金属含量有要求。本实验所得的脱硫锰渣重金属含量检测结果见表 3.18,其中脱硫锰渣中的镉、汞、铊均低于 GB 50295—2008 中的限制要求。与 HJ 662—2013 的限值相比较,脱硫锰渣中锰、铬、镍的含量高于限值,其他重金属元素的含量则低于限值。因脱硫锰渣中的锰超出标准限值幅度最大,其为限制脱硫锰渣在水泥中添加量的指标。在不考虑水泥其他原料带

入锰的情况下,该脱硫锰渣作为混合材在水泥中的添加比例最高可达37.93%。考虑到各地锰矿重金属的含量有一定的差别,且受电解锰生产工艺的影响,锰渣中残存的锰及其他重金属的含量会有较大的区别。因此,锰渣在水泥中的实际添加量要根据具体锰渣中的重金属含量而定。

表 3.18　脱硫锰渣的重金属含量

重金属	脱硫锰渣	GB 50295—2008	HJ 662—2013
锰(Mn)	8 831	—	3 350
铜(Cu)	214	—	7 920
铅(Pb)	341	—	1 590
锌(Zn)	238	—	37 760
铬(Cr)	365	—	320
镉(Cd)	1.20	1.5	40
镍(Ni)	646	—	640
砷(As)	21.3	—	4 280
汞(Hg)	0.029	0.5	4
铊(Tl)	未检出	2	—
钼(Mo)	—	—	310
六价铬(Cr^{6+})			10

参考文献

[1] 林明跃,崔葵馨,何小明,等. 电解锰压滤渣的高温部分脱硫制备水泥混合材[C]//第五届尾矿与冶金渣综合利用技术研讨会论文集. 北京,2014: 143-150.

[2] 刘一鸣,董四禄,肖万平. 电解锰渣的无害化和资源化处理[J]. 有色设备, 2020,34(5):1-3.

[3] 魏艳红,潘正现,何雅孜,等.电解锰渣综合利用工艺设计和研究[J].大众科技,2021,23(3):20-22.

[4] 黄文凤,杨红梅,章慧.电解锰渣煅烧脱硫制硫酸锰资源化技术分析[J].中国锰业,2021,39(4):34-37.

[5] 周惠群,韩长菊.熟料煅烧操作[M].武汉:武汉理工大学出版社,2010.

[6] 彭宝利,朱晓丽,王仲军.现代水泥制造技术[M].北京:中国建材工业出版社,2015.

[7] 林宗寿.水泥工艺学[M].2版.武汉:武汉理工大学出版社,2017.

[8] 季尚行,张元慈.我国新型干法水泥生产技术的进步及展望[J].水泥工程,2010(5):3-9.

[9] 吕天宝,刘飞.石膏制硫酸与水泥技术[M].2版.南京:东南大学出版社,2014.

[10] 付贵珍,张津叶.新型干法水泥生产线设备选用与分析[J].建材技术与应用,2021(5):14-20.

[11] 王旭,夏晓鸥,罗秀建,等.颚式破碎机分类及研究现状综述[J].中国矿业,2018,27(S2):227-230.

[12] 王旭,夏晓鸥,罗秀建,等.圆锥破碎机分类及研究现状综述[J].中国矿业,2019,28(S2):460-464.

[13] 栗思伟,黄宇邦,乔阳,等.锤式破碎机的研究进展[J].工程机械,2020,51(11):67-70.

[14] 赵艳.几种典型水泥粉磨系统的比较[J].水泥工程,2010(3):24-27.

[15] 聂纪强.推进粉磨技术进步 助力水泥工业低碳生产转型:第六届中国水泥工业粉磨系统优化改造技术研讨会综述[J].新世纪水泥导报,2021,27(4):45-50.

[16] 石敏.水泥生料生产过程的动态交互仿真及其网络数据库研究[D].武汉:武汉理工大学,2002.

[17] 闫玲娣,崔恒波,王文煜,等.新型烘干型风扫磨机的研究[J].矿山机械,2021,49(11):27-31.

[18] 彭宝利.新型干法水泥生产工艺及设备图集[M].武汉:武汉理工大学出版社,2017.

[19] 彭宝利.新型干法水泥生产工艺及设备[M].武汉:武汉理工大学出版社,2017.

[20] 李光业,孔金山,于炳运.立式辊磨机在煤基活性炭行业中的应用[J].矿山机械,2019,47(8):34-38.

[21] 李光业,孔金山.立式辊磨在石膏粉磨上的应用[J].水泥技术,2020(2):31-35.

[22] 熊焰来,张永龙,徐瑞超.高压辊磨机与挤压粉磨技术的应用[C].2010年中国矿业科技创新与应用技术高峰论坛论文集.2010:59-61.

[23] 程福安,陈延信,刘宁昌.高压辊式立磨关键部件的有限元分析[J].西安建筑科技大学学报(自然科学版),2010,42(1):142-146.

[24] 包玮,王从军.挤压粉磨技术在水泥厂粉磨系统技术改造中的应用[J].水泥,2001(8):24-27.

[25] 代斌.水泥厂辊压机故障处理分析[J].机械工程与自动化,2021(5):206-207.

[26] 刘春英.新型干法水泥生产线生料均化系统的选择[J].建材技术与应用,2008(12):14-15.

[27] 王伟.生料气力均化过程的模拟与分析[D].武汉:武汉理工大学,2014.

[28] 陈刚.CF生料均化库使用中存在的问题及解决办法[J].中国水泥,2016(7):86-88.

[29] 李淑跃,傅子诚.MF生料均化库的控制及应用实践[J].水泥工程,2000(3):15-17.

[30] 陈全德.新型干法水泥技术原理与应用[M].北京:中国建材工业出版社,2004.

[31] 陈俊红,封吉圣,郑本水,等.悬浮预热器内筒的研究及应用[J].耐火材料,2011,45(3):227-228.

[32] 刘均立.新型干法水泥生产技术的优化与节能技术的应用[J].四川水泥,2020(3):1.

[33] 黄志影,罗晓明,郑鹏.回转窑结构分析[J].一重技术,2021(5):30-35.

[34] 肖争鸣.水泥工艺技术[M].2版.北京:化学工业出版社,2015.

[35] 高飞,田兴凯,刘福刚.三通道煤粉燃烧器的改进和应用[C].全国第十一次轻金属矿山和第十四次氧化铝技术信息交流会论文集.2006:77-79.

[36] 李帅波,徐靖,陈新平,等.KC4 篦冷机特点及现场调试[J].中国水泥,2015(4):82-83.

[37] 张海燕,杨飞豹.高温煅烧电解锰渣资源化利用途径探究[J].节能与环保,2021(9):77-78.

[38] 熊玉路,徐子豪,李英杰,等.惰性气氛下电解锰渣高温还原焙烧脱硫[J].化工进展,2021,40(S1):319-325.

[39] 张兰芳,杨柳,郝增恒.锰渣掺合料对水泥砂浆性能的影响研究[J].应用化工,2021,50(8):2164-2167.

[40] 朱金波,俞为民,彭学平,等.电解锰渣煅烧脱硫并用作水泥混合材的研究[J].水泥,2016(1):8-13.

[41] 季军荣,武双磊,陈宇,等.利用电解锰渣制备活性粉末混凝土的研究[J].混凝土与水泥制品,2021(5):91-94.

第4章 烧结渣资源化利用技术

4.1 烧结渣理化特性分析

由于锰矿来源和品位不同,各地电解锰渣的化学成分也有差异,但均以 SiO_2、Al_2O_3、Fe_2O_3 和 CaO 为主,是潜在建材和工业生产原料,电解锰渣中上述 4 种主要化学成分的总质量分数为 43.76 % ~ 56.36%,但 MnO 可高达 3.35%、SO_3 高达 37.31%,在利用时应严格控制。

电解锰渣的主要矿物组成为二水石膏($CaSO_4 \cdot 2H_2O$)、石英(SiO_2)、钠长石($Na_2O \cdot Al_2O_3 \cdot 6SiO_2$)、铁矾土($FeS_2$)、白云母$[KAl_2Si_3AlO_{10}(OH)_2]$、高岭石$[Al_2Si_2O_5(OH)_4]$、黄铁矿$[(NH_4)_2(Mg,Mn,Fe)(SO_4)_2 \cdot 6H_2O]$、$MnSO_4 \cdot H_2O$、$(NH_4)_2SO_4$ 和 $MgSO_4$。堆存时,易溶的 $MnSO_4 \cdot H_2O$、$(NH_4)_2SO_4 \cdot H_2O$、$MgSO_4$ 等物相会消失,形成难溶的$(NH_4)_2Mn(SO_4)_2 \cdot 6H_2O$、$(NH_4)_2Mg(SO_4)_2 \cdot 6H_2O$、$MnO_2$、$MnFeO_x$ 等物相,锰和氨氮的浸出浓度随堆存时间延长而逐渐降低。堆存电解锰渣的危害程度较刚产生的电解锰渣小,但脱硫脱氨难度更大。电解锰渣呈酸性(pH = 4.00 ~ 6.40)、比表面积较大(3.00 ~ 9.66 $m^2 \cdot g^{-1}$)、粒径较小(17.37 ~ 80.00 μm)、含水率较高(18.60% ~ 30.00%)。在资源化利用时,需调整 pH,解决由电解锰渣比表面积大、粒径小和含水率高带来的黏度大和难分散问题。烧结锰渣如图 4-1 所示。

图 4-1   烧结锰渣

4.2   烧结锰渣的资源化

电解锰生产行业作为典型的湿法冶金行业,在快速发展的同时,也对环境产生了严重的危害,其中电解锰渣对环境的污染尤为突出。电解锰渣是在用碳酸锰矿生产电解锰过程中用硫酸处理锰矿产生的过滤酸渣,根据锰矿品位的不同,每生产1 t电解锰所排放的锰渣量为3~10 t,平均在5~6 t。由于我国碳酸锰矿石普遍含锰量不高,每生产单位产品的金属锰会产生较多的锰渣,全球超过90%的渣样均产自我国,存量巨大,但其利用量却很小。国外电解锰企业对电解锰废渣处理的要求较为严格,一般采用尾库处置。我国由于尚没有成熟的锰渣处理技术,电解锰企业大都将废渣输送到堆场,筑坝湿法堆存,在占用大量土地资源的同时,高浓度废水浸出会造成土壤重金属污染、土壤板结;浸出和雨水淋洗情况下,还会造成地表水氨氮超标,对环境造成巨大的危害。因此,合理有效地处理电解锰渣,最大限度地降低锰废渣的危害,并对电解锰渣进行多渠道的利用,已经成为电解锰行业和环保领域亟待解决的瓶颈问题。

本书中所提及的烧结锰渣资源化利用,主要是将其用于制作各种材料,如水泥原料或混合材、微晶玻璃、混凝土骨料、免烧砖等(图4-2)。

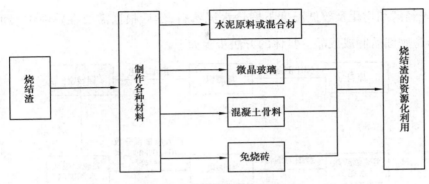

图 4-2　烧结渣资源化利用方式

4.3　水泥原料或混合材

4.3.1　类硫铝酸盐水泥

类硫铝酸盐水泥的制作是以石灰石、电解锰渣、高岭土、烟煤为熟料的原料,先经磨细均化及较低温度煅烧成熟料,然后根据需要在熟料中掺加二水石膏(在烧制出的水泥熟料中掺加质量百分数为 0 ~ 10% 的二水石膏)磨细后制成成品。该水泥具有烧成温度比普通硅酸盐水泥低 150 ~ 200 ℃ ,节能优势突出,组分的配比范围大,电解锰渣掺量大,烧成水泥适应性广等特点。此方法可广泛应用于电解锰渣生产类硫铝酸盐水泥,特别适用于生产早强水泥、快硬高强水泥、膨胀水泥、低碱水泥等。

该电解锰渣生产类硫铝酸盐水泥的方法,其熟料的原料组分及其质量百分数为:石灰石:36.2% ~ 56.2%;电解锰渣:16.4% ~ 57.3%;高岭土:2.0% ~ 37.3%;烟煤:4.5% ~ 9.0% 。

电解锰渣生产类硫铝酸盐水泥的工艺流程如图 4-3 所示。利用电解锰渣生产类硫铝酸盐水泥的制备方法,以石灰石、电解锰渣、高岭土及烟煤为熟料的原料,先经磨细均化及较低温度下煅烧水泥熟料,然后根据需要在熟料中掺加二水石膏磨细后制成成品。具体的方法步骤如下。

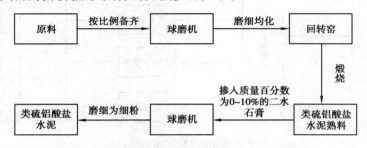

图 4-3　电解锰渣生产类硫铝酸盐水泥的工艺图

（1）备料

熟料的原材料按石灰石:电解锰渣:高岭土:烟煤的质量百分数为（36.2% ~ 56.2%）:（16.4% ~57.3%）:（2.0% ~37.3%）:（4.5% ~9.0%）的比例备齐。

（2）磨细均化

备料完成后,将石灰石和电解锰渣和高岭土用球磨机磨细并入库均化。对烟煤单独用球磨机磨细并均化,以便在窑内充分燃烧。

（3）烧制水泥熟料

磨细均化的石灰石和电解锰渣和高岭土放入回转窑内,将磨细均化后的烟煤,通过窑头喷入回转窑内点燃后,对磨细均化后的石灰石和电解锰渣和高岭土进行煅烧,煅烧温度为 1 100 ~1 300 ℃、煅烧时间为 10 ~30 min,就烧制出类硫铝酸盐水泥熟料。

（4）制备成品

煅烧出的类硫铝酸盐水泥熟料中,掺入质量百分数为 0 ~10% 的二水石膏,二水石膏的掺量根据所制备水泥的类型确定。混合均匀后,再经球磨机磨细至比表面积为 350 ~450 m²/kg 的细粉,就制备出早强、快硬、高强、膨胀、低碱度等不同类型的类硫铝酸盐水泥。

该方法生产类硫铝酸盐水泥,主要具备以下优点:

根据产品的不同,可以将电解锰渣分别视为调质原料或主要生产原料,另外根据电解锰渣原料组成的不同,适当调整作为增加铝组分的高岭土含量,甚至可以不需要高岭土组分就可以制备出不同类型的类硫铝酸盐水泥,水泥适应性较广。

电解锰渣利用率高,有利于环境保护。在该方法中,电解锰渣的最高掺量可达 57.3%,是将电解锰渣资源化利用的有效手段,也是解决电解锰渣造成环境污染问题的有效办法。

熟料的原料中无须掺加矿化剂,水泥煅烧节约能源。电解锰渣中含有大量金属离子,在烧制水泥时起到了很好的矿化作用,降低矿物液相形成温度,减小液相黏度,有利于水泥组成矿相的形成,无须另外掺加矿化剂。该方法中熟料的煅烧温度为 1 100~1 300 ℃,比一般水泥的煅烧温度 1 300~1 450 ℃低 150~200 ℃,水泥易烧性好,且煅烧出的水泥熟料易磨性好,降低了生产成本,具有突出的节能减排效果。

4.3.2 硫铝酸盐水泥

资源化利用电解锰渣制备硫铝酸盐水泥的工艺流程如图 4-4 所示,包括如下步骤:将石灰石、矾土、电解锰渣、钛石膏混合均匀,研磨,得到水泥生料;将水泥生料加入至回转窑内,升温至 600~700 ℃,保温 1~2 h,继续升温至 1 400~1 460 ℃,保温 20~40 min,降至室温,得到水泥熟料;将硅烷偶联剂加入无水乙醇中,采用氨水调节体系 pH 值为 7.2~7.6,得到预处理偶联剂;在氮气保护下,将粉煤灰加入至预处理偶联剂中,50~70 ℃搅拌 1~2 h,喷雾干燥,得到活化粉煤灰;向水泥熟料中加入石膏、石灰石、纳米二氧化硅、氢氧化钙混合均匀,球磨,搅拌状态下加入活化粉煤灰,得到资源化利用电解锰渣制备硫铝酸盐水泥。

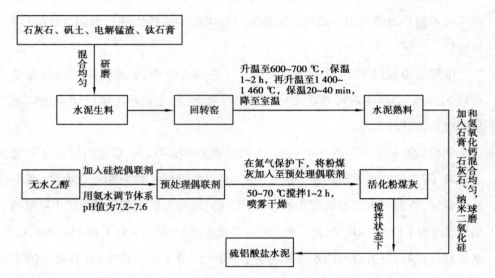

图 4-4　电解锰渣制备硫铝酸盐水泥的工艺图

资源化利用电解锰渣制备硫铝酸盐水泥的工艺的具体步骤如下：

按质量将 20～50 份石灰石、4～15 份矾土、4～15 份电解锰渣、2～6 份钛石膏混合均匀，研磨至细度为 100～200 目，得到水泥生料。

将水泥生料加入至回转窑内，升温至 600～700 ℃，保温 1～2 h，继续升温至 1 400～1 460 ℃，保温 20～40 min，降至室温，得到水泥熟料。

将 1～2 份硅烷偶联剂加入 20～40 份无水乙醇中，采用氨水调节体系 pH 值为 7.2～7.6，得到预处理偶联剂；在氮气保护下，将 10～20 份粉煤灰加入至预处理偶联剂中，在温度 50～70 ℃搅拌 1～2 h，搅拌速度为 1 000～2 000 r/min，喷雾干燥，得到活化粉煤灰。

向 40～80 份水泥熟料中加入 2～5 份石膏、1～2 份石灰石、1～2 份纳米二氧化硅、1～2 份氢氧化钙，混合均匀后加入至球磨机中，磨粉至比表面积为 450～650 m²/kg，搅拌状态下加入 1～4 份活化粉煤灰，搅拌速度为 10 000～12 000 r/min，得到资源化利用电解锰渣制备硫铝酸盐水泥。

石灰石、矾土、电解锰渣、钛石膏的质量比为(30～40)∶(5～10)∶(5～10)∶5。将水泥生料加入至回转窑内,以 1～4 ℃/min 的速度升温至 600～700 ℃,保温 1～2 h,继续以 6～10 ℃/min 的速度升温至 1 400～1 460 ℃,保温 20～40 min,降温至室温,得到水泥熟料。所述硅烷偶联剂为氨丙基三乙氧基硅烷偶联剂、3-甲基丙烯酸丙基-三甲氧基硅烷偶联剂、3-缩水甘油酸基丙基-三甲氧基硅烷偶联剂和 3-疏丙基三甲氧基硅烷偶联剂中的至少一种;所述硅烷偶联剂为氨丙基三乙氧基硅烷偶联剂;粉煤灰、无水乙醇、硅烷偶联剂的质量比为(12～16)∶(30～35)∶(1～2)。活化粉煤灰、纳米二氧化硅、氢氧化钙的质量比为(2～3)∶2∶2。纳米二氧化硅 pH 值为 5.5～7,粒径为 1～100 nm,比表面积为 200～300 m²/g。

所制备水泥与水混合后,其中的硫铝酸钙在石膏存在的条件下迅速水化,生成大量的钙矾石,钙矾石逐渐形成骨架,而添加的纳米二氧化硅、氢氧化钙均匀分布于胶凝体系中,经活化粉煤灰的激发,产生二次水化,其颗粒被水化产物紧密包裹使体系变得更致密,随养护龄期的增加,钙矾石结晶度变好,有效促进了体系强度的发展。

活化粉煤灰中,通过将硅烷偶联剂对粉煤灰表面进行包覆处理,在粉煤灰颗粒表面形成防水保护层,使粉煤灰由显性活性转变为潜在活性,遇水后可启动水化反应,形成水化产物,活化粉煤灰分散在水泥表面,可与水泥中的氢氧化钙晶体和其他未水化产物发生水化反应,同时这些水化物能在空气中凝结硬化,并能在水中继续硬化,具有相当高的强度,形成水化产物,可有效提高水泥的增韧抗裂性能,更重要的是对水泥的抗压强度能够起到明显增效作用。

4.3.3　普通硅酸盐水泥

利用电解锰渣制备普通硅酸水泥的工艺流程如图 4-5 所示,主要包括以下步骤。

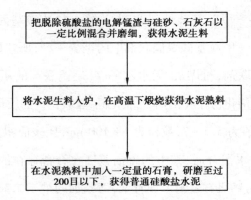

图 4-5　电解锰渣制备普通硅酸盐水泥的工艺图

①把脱除硫酸盐的电解锰渣与硅砂、石灰石以一定比例混合并磨细,获得水泥生料。

②将水泥生料入炉,在高温下煅烧获得水泥熟料。

③在水泥熟料中加入一定量的石膏,研磨至过 200 目以下,获得普通硅酸盐水泥。

④脱除硫酸盐的电解锰渣与硅砂、石灰石的比例应使石灰饱和系数、硅率、铝率达到以下要求:石灰饱和系数 KH 为 0.92 ~ 1.0,硅率 SM 为 1.90 ~ 2.50,铝率 IM 为 1.0 ~ 1.8,其中的硅砂不是必需组分,只要脱除硫酸盐的电解锰渣中二氧化硅与氧化铝加氧化铁的比大于 1.90 就可以不加。脱除硫酸盐的电解锰渣与硅砂、石灰石的比例应使得煅烧所得的水泥熟料的组成为 CaO:62% ~ 65%,SiO_2:20% ~ 24%,Al_2O_3:4% ~ 7%,Fe_2O_3:2.5% ~ 15%。

⑤煅烧水泥生料可在立窑中进行,也可在旋转窑中进行,煅烧温度为 1 300 ~ 1 450 ℃。

⑥石膏加入量控制在使水泥中硫的含量为 1.5% ~ 3% 的程度。

该脱除硫酸盐的电解锰渣制备普通硅酸水泥的方法,首先把脱除硫酸盐的电解锰渣与硅砂、石灰石以一定比例混合并磨细,获得水泥生料;然后将水泥生料入炉,在高温下煅烧获得水泥熟料;最后在水泥熟料中加入一定量的石膏,研磨至过 200 目以下,获得普通硅酸盐水泥,该方法采用脱除硫酸盐的电解锰渣生产普通硅酸盐水泥,解决了原料含硫的问题,可大量使用电解锰渣,找到了电解锰渣再利用的途径,配料时不需要黏土,有利于对土壤的保护,石灰石用量更少,粉碎费用更低,生产成本更低,实用性强,具有较强的推广与应用价值。

4.3.4 水泥混合材

电解锰渣是用硫酸溶液处理碳酸锰矿粉电解生产金属锰的工业固体废弃物,其硫酸盐、氨氮、锰的浓度较高,砷、汞、硒的浓度也较高。表观为黑色细小颗粒,沉淀后为板结块状。矿物成分主要为二水石膏、石英、水化硅酸二钙等。通过煅烧电解锰渣可取得不溶性硬石膏,以期望通过电解锰渣中硬石膏激发粉煤灰的潜在水凝性,从而使得电解锰渣可作为水泥混合材使用。

由于二水石膏是在 400 ~ 750 ℃ 脱水变成不溶性硬石膏,所以要想将其作为水泥混合材,需确定电解锰渣可作为水泥混合材的最佳煅烧温度。经实验得,温度在 450 ~ 750 ℃ 时煅烧效果较好。工业废弃物电解锰渣以石膏和石英为主要成分,未经锻烧的电解锰渣无水化活性和胶凝性,经 450 ~ 750 ℃ 煅烧后,具有较好的脱水石膏活性和火山灰活性,且其活性较粉煤灰好,其中以 6503 ~ 750 ℃ 煅烧的活性最好,抗折、抗压强度均较高。从节约能源的角度考虑,建议采用 400 ~ 500 ℃ 煅烧的电解锰渣作为水泥混合材较为经济合理。

考虑到电解锰渣含水率高,容易板结,先将电解锰渣破碎至 5 ~ 15 mm,再将破碎后的电解锰渣置于硅碳棒炉内,在 450 ~ 750 ℃ 温度下分别煅烧 1.0 ~ 1.5 h,然后将各温度下煅烧的电解锰渣分别粉磨至 80 μm,筛余小于 10% 后作为水泥混合材使用。

　　将450 ℃煅烧的电解锰渣按15%内掺入水泥中,按照《通用硅酸盐水泥》(GB 175—2007)进行性能测试,并与GB 175—2007 对42.5 级普通硅酸盐水泥要求进行对比,在水泥中掺入15% 在450 ℃煅烧的电解锰渣,其技术指标符合GB 175—2007 对42.5 级普通硅酸盐水泥的技术要求。

4.4　制造微晶玻璃

　　微晶玻璃是通过将玻璃控制晶化而得到的一种既有玻璃相又有晶相的无机非金属材料。微晶玻璃具有许多优良性能,如化学稳定性好、机械强度高、热膨胀系数变化范围大、低介电损耗等优点,可广泛应用于建材、航空、电子、化工等领域。锰渣中主要含有 SiO_2、CaO、Al_2O_3 等氧化物,这些是制备 Ca-Mg-Al-Si 系微晶玻璃的主要成分。电解锰渣制备的微晶玻璃如图4-6 所示。

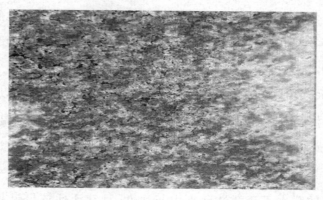

图 4-6　电解锰渣制备的微晶玻璃

4.4.1　电解锰渣生产微晶玻璃方法

　　该方法所生产的电解锰渣微晶玻璃的原料为电解锰渣、碳酸钙、石英砂及碳酸镁。该方法是先将原料混合均匀后,再经熔制基础玻璃、基础玻璃成型、核化和晶化处理、退火及加工为成品。此方法具有原料组分少(仅 4 种),电解锰渣掺量大(高达 75% ~99.7%),制备方法简单,生产能耗低和有利于环境保护等特点,可广泛用作生产建筑装饰材料。

(1)基础玻璃熔制

以电解锰渣、碳酸钙、石英砂、碳酸镁为原料,先按电解锰渣、碳酸钙、石英砂、碳酸镁的质量百分比为(75% ~99.7%):(0.1% ~10%):(0.1% ~10%):(0.1% ~5%)的比例,将其混合搅拌均匀,将原料混合物放入炉窑中熔制,熔制温度为 1 300 ~1 400 ℃,熔制时间为 30 ~60 min。

(2)基础玻璃成型

基础玻璃熔制出的电解锰渣基础玻璃熔体用水进行淬火处理,后将淬火后的玻璃颗粒置于烘箱中烘干,再用孔径为 0.5 mm 和 6 mm 的方孔筛进行粒径分级,然后将粒径范围为 0.5 ~6 mm 的玻璃颗粒平铺于耐火材料的水平面上,其厚度为 10 ~30 mm。

(3)核化和晶化处理

将基础玻璃成型得到的电解锰渣基础玻璃连同耐火材料置于炉窑内进行核化和晶化处理,核化和晶化过程为:先以 5 ℃/min 的升温速度将基础玻璃升温至 700 ~750 ℃进行核化处理,并在该温度下保持核化时间 1 ~2 h,再以 5 ℃/min 的升温速度将核化后的玻璃升温至 1 050 ~1 100 ℃进行晶化处理,并在该温度下保持晶化时间 0.5 ~2 h。

(4)退火及加工

将核化和晶化处理制得的电解锰渣微晶玻璃以 10 ℃/min[1] 的退火降温速度进行退火处理,当温度降至 250 ~300 ℃时,再自然冷却到室温,就制备出咖啡色的电解锰渣微晶玻璃,然后进行裁切、抛光处理。

4.4.2　电解锰渣无害化生产微晶玻璃方法

该电解锰渣无害化生产微晶玻璃方法的步骤包括:将电解锰渣加入窑中烘干至 600 ℃,在窑的废气管道尾部 SO_2、氨气烟气用吸收塔以硫酸、氨水方式回收,再次返回至电解锰厂利用;将煅烧温度升至 800 ~ 900 ℃,然后再次将煅烧温度升至 1 100 ℃,进行煅烧;1 100 ℃的电解锰渣迅降暴露在常温状态,电解锰渣变质为新的岩相,微晶玻璃相分离析出,分离出生成黑色微晶玻璃相 MgO-Al_2O_3-SiO_2 体系,董青石为主相,白色微晶玻璃相 CaO-NaO-Al_2O_3-SiO_2 体系,硅灰石为主相,过渡相锰渣(董青石+硅灰石),将过渡相锰渣作为水泥生产的生料。

电解锰渣无害化生产微晶玻璃方法,其步骤如下:

①将电解锰渣加入窑中烘干至 600 ℃,在窑的废气管道尾部 SO_2、氨气烟气用吸收塔以硫酸、氨水方式回收,返回至电解锰厂利用。

②将煅烧温度升至 800 ~ 900 ℃,将脱硫、脱氨后的电解锰渣在窑中继续煅烧,然后再次将煅烧温度升至 1 100 ℃,进行煅烧。

③将已加热至 1 100 ℃的电解锰渣迅降暴露在常温状态,温度迅速下降,电解锰渣变质为新的岩相,微晶玻璃相分离析出,分离出生成黑色微晶玻璃相 MgO-Al_2O_3-SiO_2 体系,董青石为主相;白色微晶玻璃相 CaO-NaO-Al_2O_3-SiO_2 体系,硅灰石为主相;过渡相锰渣(董青石+硅灰石),将黑色微晶玻璃相 MgO-Al_2O_3-SiO_2 体系,白色微晶玻璃相 CaO-NaO-Al_2O_3-SiO_2 体系,过渡相锰渣(董青石+硅灰石),进行筛选分离,得到以上 3 种工业产品。

④将筛选出的过渡相锰渣(董青石+硅灰石),作为水泥生产的生料,与煤、石灰石按比例混合后加入窑中锻烧,煅烧成水泥熟料,生产水泥,混合按质量比为煤过渡相锰渣石灰石为(1.2 ~ 1.3):(45 ~ 48):(50 ~ 52)。

该方法生产微晶玻璃优点如下:

①生产的水泥熟料降低 10% 成本。

②配以石灰石、100% 利用过渡相锰渣代替铁粉和黏土,过渡相锰渣全部直接作水泥生料利用,电解锰渣掺和量达 45% 以上,实现了无害化资源化。

③电解锰渣中的硫化物、氨、硫酸铵加热,回收塔回收氨气、SO_2,回收得到氨水、硫酸再利用于电解锰厂,实现了无害化资源化。

④电解锰渣中的重金属进入矿物晶格中,在反应过程中降低能耗,重金属实现了无害化资源化。

⑤电解锰渣变质过程分离三种工业产品:黑色微晶玻璃相 MgO-Al_2O_3-SiO_2 体系,堇青石为主相;白色微晶玻璃相 CaO-NaO-Al_2O_3-SiO_2 体系,硅灰石为主相;过渡相锰渣(堇青石+硅灰石)。过渡相锰渣产品用作水泥生料;过渡相锰渣和白色微晶玻璃产品用作墙体材料;黑色微晶玻璃相 MgO-Al_2O_3-SiO_2 体系新材料有高频绝缘特性、机械强度高、耐高温性能良好,为对空间技术极有用的新型结构材料。

⑥完全解决锰渣堆积问题,将不再使用渣场堆积,彻底解决了锰污染问题。

⑦找到了在废渣中提取重要新材料工艺。

⑧达到良好的社会效益和经济效益,确保环保安全。

4.5　混凝土骨料

利用电解锰渣制备所得的混凝土抗冻性佳,强度佳,适于铺路,同时有效节省砂石,提高电解锰渣的利用率。其制备方法简单、操作方便、无污染,有效提高含电解锰渣的混凝土的性能。同时当含电解锰渣的混凝土应用于混凝土路面时,能有效提高路面的抗冻性、强度,增加其使用寿命。

制备含有电解锰渣的混凝土的工艺流程如图 4-7 所示,其步骤如下:

①级配电解锰渣煅烧料 130～200 份(级配电解锰渣煅烧料由电解锰渣于 800～1 000 ℃煅烧后粉碎、级配所得)、水泥 13～20 份、硅灰 5～10 份、粉煤灰 10～15 份、分散剂 0.5～0.8 份、减水剂 0.7～1 份以及水 10～15 份。

②将电解锰渣于 800～1 000 ℃煅烧、粉碎后级配,制备上述含电解锰渣的混凝土的原料后将其混合。

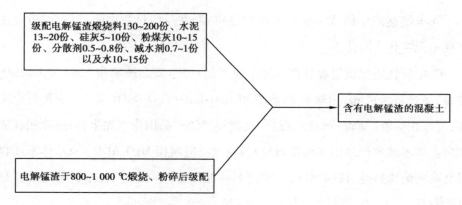

图 4-7　制备含有电解锰渣的混凝土的工艺图

　　通过级配电解锰渣煅烧料全部取代砂石,有效降低成本,提高电解锰渣的利用度,防止污染环境。同时,采用 800～1 000 ℃煅烧,使得电解锰渣的强度高,有效替代砂石成为混凝土的骨料,有效缓解电解锰渣的黏度大,便于后续混合均匀,并且煅烧过程中其内部发生多种化学反应,内部具有多个有效孔洞,含泥量低,因此具有较佳的保温性能以及抗冻性。

　　硅灰、粉煤灰的合理掺加,与级配电解锰渣煅烧料配合,有效提高含电解锰渣的混凝土的抗冻性以及强度。减水剂与硅灰配合,有效降低水的使用。同时,有效提高硅灰的分散度,使其与其他原料混合更为均匀。分散剂用于使得原料充分混合,使混凝土的质量均一,进一步提高其强度以及抗冻性能等。

4.6　制备免烧砖

　　废渣免烧砖是一种新型节能利废的制砖技术和废渣资源化利用技术。电解锰渣是一种富含硫酸盐的惰性硅铝质材料,粒径在 80 μm 以下的颗粒所占比例高达 80%,SO_3 含量高达 15%～25%。因此,电解锰渣无须粉磨即可直接用于制备免烧砖,而且在胶凝体系中可作为粉煤灰类材料的火山灰活性激发剂参与水化反应,制备免烧砖是对电解锰渣合理资源化利用的有效措施。

电解锰渣免烧砖由电解锰渣、石灰、水淬渣、水泥熟料构成的胶结剂 M 与电解锰渣、废石、水等通过挤压固化成型得到,该免烧砖使用电解锰渣废弃物为主要原料,获得更高抗压强度和更好耐水性,既解决了电解锰渣堆存污染环境的问题,又开发出了制作免烧砖的新配方。

该电解锰渣免烧砖包括以下质量百分比组分原料,并且通过挤压固化成型得到胶结剂 M15% ~ 17% ,电解锰渣 27% ~ 41% ,废石 30% ~ 40% (废石的粒径为 5 ~ 10 mm) ,水 14% ~ 16% 。其中所述胶结剂 M 由以质量百分比组分组成:电解锰渣 38% ~ 42% 、石灰 2% ~ 5% 、水淬渣 40% ~ 50% 、水泥熟料 11% ~ 14.2% 。

电解锰渣免烧砖的制备步骤具体如下:

①将电解锰渣、石灰、水淬渣、水泥熟料混合,碾磨(碾磨粒度满足:过 40 μm 筛网,筛余量小于 2%) ,得到胶结剂 M;

②将胶结剂 M、电解锰渣、废石、水搅拌均匀后(搅拌时间为 2 ~ 5 min) ,在优选的压力范围内使物料颗粒在稳压环境下更好地咬合,且在压力条件下,胶结材料颗粒可产生滑动位移,较小的颗粒被压入较大颗粒的空隙中,将这些空隙填充,使胚体达到高密实度,最终实现高强度。采用制砖机挤压成型(成型压力为 15 ~ 25 MPa,达到成型压力后稳压 1 ~ 5 min) ,得到砖坯,自然风干,即得。

上述制备方法中的胶结剂 M 各组分之间协同作用明显,能够提高对锰渣的固结能力,同时获得高强度、耐水性好的免烧砖。胶结剂 M 中石灰在反应过程中可释放大量水化热,同时提供碱性环境,破坏水泥熟料和水淬渣的化学键,从而加快反应进程。水泥熟料在水介质的作用下,形成极性离子 OH⁻ ,使水淬渣溶解和解体,也是一种碱性激发剂,而水淬渣是高炉热熔矿遭用水急速冷却后变成疏松的粒状渣,表面粗糙多孔,比表面积大,反应活性高,可以明显提高胶结剂 M 的黏结能力,以获得高强度、耐水性好的免烧砖。而一般的高炉渣的活化性能较水淬渣低,难以获得高强度、耐水性好的免烧砖。

参考文献

[1] 何德军,舒建成,陈梦君,等.电解锰渣建材资源化研究现状与展望[J].化工进展,2020,39(10):4227-4237.

[2] 吴建锋,宋谋胜,徐晓虹,等.电解锰渣的综合利用进展与研究展望[J].环境工程学报,2014,8(7):2645-2652.

[3] 周长波,何捷,孟俊利,等.电解锰废渣综合利用研究进展[J].环境科学研究,2010,23(8):1044-1048.

[4] 车丽诗,雷鸣.锰渣资源化利用的研究进展[J].中国锰业,2016,34(3):127-130.

[5] He S C, Jiang D Y, Hong M H, et al. Hazard-free treatment and resource utilisation of electrolytic manganese residue:a review[J]. Journal of Cleaner Production,2021,306:127224.

[6] 侯鹏坤.电解锰渣制备类硫铝酸盐水泥初步研究[D].重庆:重庆大学,2009.

[7] 王智,侯鹏坤,钱觉时,等.利用电解锰渣生产类硫铝酸盐水泥及其制备方法:CN101367629A[P].2009-02-18.

[8] 李豪,张世杰,张学文,等.一种资源化利用电解锰渣制备硫铝酸盐水泥的工艺:CN112876107A[P].2021-06-01.

[9] 王智,郭清春,蒋小花,等.电解锰渣对粉煤灰火山灰活性的硫酸盐激发[J].非金属矿,2011,34(4):5-8.

[10] 彭清静,易浪波,李偌稷,等.一种脱除硫酸盐的电解锰渣制备普通硅酸水泥的方法[P].湖南省:CN102923977A,2013-02-13.

[11] 程淑君,陶宗硕,施学宝.锰渣作水泥混合材的应用研究[J].中国建材科技,2019,28(4):48-49.

[12] 雷杰,彭兵,柴立元,等.用电解锰渣制备高铁硫铝酸盐水泥熟料[J].材料

与冶金学报,2014,13(4):257-261.

[13] 林明跃,崔葵馨,肖飞,等.电解锰压滤渣高温脱硫活化制备水泥混合材的研究[J].硅酸盐通报,2015,34(3):688-693.

[14] 冯云,陈延信,刘飞,等.电解锰渣用于水泥缓凝剂的生产研究[J].现代化工,2006,26(2):57-60.

[15] 黄川,史晓娟,龚健,等.碱激发电解锰渣制备水泥掺合料[J].环境工程学报,2017,11(3):1851-1856.

[16] 王勇.电解锰渣作水泥混合材的研究[J].新型建筑材料,2016,43(5):78-80.

[17] 蒋勇,文梦媛,贾陆军.电解锰渣的预处理及对水泥水化的影响[J].非金属矿,2018,41(3):49-52.

[18] 张煜,陈前林,贺维龙,等.一种电解锰渣-钡渣水泥的制备方法:CN112358210A[P].2021-02-12.

[19] 叶东忠.早强剂对掺硅灰的水泥砂浆强度与结构影响的研究[J].北京工商大学学报(自然科学版),2009,27(2):8-11.

[20] 王勇.电解锰渣作为水泥矿化剂的研究[J].混凝土,2010(8):90-93.

[21] 钱觉时,侯鹏坤,乔墩,等.电解锰渣微晶玻璃及其制备方法:CN101698567A[P].2010-04-28.

[22] Deubener J, Allix M, Davis M J, et al. Updated definition of glass-ceramics [J]. Journal of Non-Crystalline Solids,2018,501:3-10.

[23] 程金树,唐方宇,楼贤春,等.MgO对花岗岩尾矿微晶玻璃析晶和性能的影响[J].武汉理工大学学报,2014,36(10):11-14.

[24] Qian J S, Hou P K, Wang Z, et al. Crystallization characteristic of glass-ceramic made from electrolytic manganese residue[J]. Journal of Wuhan University of Technology-Mater Sci Ed,2012,27(1):45-49.

[25] 秦茂钊.电解锰渣无害化生产微晶玻璃方法:CN112279508A[P].2021-

01-29.

[26] 查峰,薛向欣,李勇. 工业固体废弃物作为合成微晶玻璃原料的开发和利用[J]. 硅酸盐通报,2007,26(1):146-149.

[27] 汪振双,苏昊林. 烧结法制备粉煤灰微晶玻璃的实验研究[J]. 硅酸盐通报,2013,32(10):2098-2102.

[28] 石维,吴思展,冷森林,等. 含电解锰渣的混凝土及其制备方法、混凝土路面:CN108516740B[P]. 2020-11-24.

[29] Chousidis N,Ioannou I,Batis G. Utilization of electrolytic manganese dioxide (E. M. D.) waste in concrete exposed to salt crystallization[J]. Construction and Building Materials,2018,158:708-718.

[30] 肖喜才. 过硫电解锰渣混凝土及其制备方法[P]. 湖南:CN107445532A,2017-12-08.

[31] 陈平,王振军,刘荣进. 不同锰渣掺量混凝土试验研究[J]. 混凝土,2010(2):71-73.

[32] Yang C,Lv X X,Tian X K,et al. An investigation on the use of electrolytic manganese residue as filler in sulfur concrete[J]. Construction and Building Materials,2014,73:305-310.

[33] 黄煜镔,周静静,余帆,等. 一种工业固体废弃物固化红粘土路基:CN103452024A[P]. 2013-12-18.

[34] 李启. 重庆市秀山县电解金属锰行业发展现状与对策[J]. 中国锰业,2005,23(3):18-20.

[35] 李湘洲. 免烧砖的现状及其发展前景[J]. 砖瓦,2014(10):60-63.

[36] 成昊,阴泽江,郑成勇,等. 电解锰渣在制砖应用中的研究现状与展望[J]. 山东化工,2017,46(13):46-48.

[37] Y H,W J,W H,et al. Study on compressive and flexural properties of the baking-free brick made from an electrolytic manganese slag[J]. Non-Metallic

Mines,2019,42(3):13-15.

[38] Yu J. Research on the preparation of new wall material with electrolytic manganese residue[J]. New Building Materials,2012,39(8):87-89.

[39] 蒋小花,王智,侯鹏坤,等.用电解锰渣制备免烧砖的试验研究[J].非金属矿,2010,3(1):-17.

[40] Wang Y G,Gao S,Liu X M,et al. Preparation of non-sintered permeable bricks using electrolytic Manganese residue:Environmental and NH3-N recovery benefits[J]. Journal of Hazardous Materials,2019,378:120768.

[41] 陈文姣,潘杰文,李涛.电解锰矿渣制备免烧砖的试验研究[J].资源节约与环保,2015(9):11.

[42] 郭盼盼,张云升,范建平,等.免烧锰渣砖的配合比设计、制备与性能研究[J].硅酸盐通报,2013,32(5):786-793.

[43] 秦吉涛,王家伟,王海峰,等.水泥添加量对电解锰渣免烧砖性能的影响[J].硅酸盐通报,2017,36(10):3511-3515.

[44] 陈文娇,潘杰文,李涛.电解锰矿渣制备免烧砖的试验研究[J].资源节约与环保,2015(9):11-14.

[45] 刘维荣.酸浸锰渣预处理及其制备免烧砖工艺研究[D].长沙:中南大学,2014.

[46] 汪韦兴,彭精智,张炎,等.一种电解锰渣免烧砖及其制备方法:CN110002829B[P].2021-08-06.

第5章 煅烧烟气净化技术

5.1 煅烧烟气概述

净化入口烟气量及烟气成分见表5.1。

表5.1 烟气量及烟气成分

	CO_2	SO_2	O_2	N_2	NH_3	合计
烟气量/$(Nm^3 \cdot h^{-1})$	23 123	12 272	4 100	94 317	1 488	135 300
含量/%	17.09	9.07	3.03	69.71	1.10	100.00

烟气中SO_2浓度为$7.00\% \sim 9.07\%$;

烟气温度:约250 ℃(最高温度300 ℃);

烟气压力:约0 Pa(进制酸净化处);

烟气含尘:约50 mg/$(N \cdot m^3)$;

工作制度:330 d/a;24 h/d。

5.2 煅烧烟气粉尘脱除

除尘过程的机理就是在某种力的作用下使尘粒相对气流产生一定的位移,

并从气流中分离沉降下来。粒子捕集过程所要考虑的力有外力、流体阻力和相互作用力。后者一般情况下可忽略不计。外力一般包括重力、离心力、惯性力、静电力、磁力、热力等。粒子所受外力不同,其沉降机理也不相同。

5.2.1　除尘设备

1）除尘器的分类

按除尘器分离捕集粉尘的主要机制,可将其分为如下 4 类:

(1)机械式除尘器

机械式除尘器是利用质量力(重力、惯性力、离心力)的作用使粉尘与气流分离沉降的装置,包括重力沉降室、惯性除尘器和旋风除尘器等。

(2)电除尘器

电除尘器是利用高压电场使尘粒荷电,在电场力的作用下使粉尘与气流分离的装置。

(3)过滤式除尘器

过滤式除尘器是使含尘气体通过织物或多孔填料层进行过滤分离的装置,包括袋式过滤器、颗粒层过滤器等。

(4)湿式除尘器

湿式除尘器是利用液滴或液膜洗涤含尘气流,使粉尘与气流分离沉降的装置。可用于除尘,也可用于气体吸收。

按除尘效率的高低,可把除尘器分为高效除尘器(电除尘器、过滤式除尘器和高能文丘里洗涤器)、中效除尘器(旋风除尘器和其他湿式除尘器)和低效除尘器(重力沉降室、惯性除尘器)3 类。此外,还按除尘器是否用水而分为干式除尘器与湿式除尘器两类。

近年来,为提高对微粒的捕集效率,陆续出现了综合几种除尘机制的各种新型除尘器,如声凝聚器、热凝器、流通力/冷凝洗涤器(简称"FF/C 洗涤器")、高梯度碰分离器、荷电液滴洗涤器及电管等。

2）除尘器的选择

表示除尘器性能的指标包括了技术指标和经济指标,其中技术指标有 3 项,分别为:处理含尘气体的量,是代表除尘器处理含尘气体能力大小的指标,一般用通过除尘器气体的体积流量(m^3/h 或 m^3/s)表示;除尘效率;压力损失。设备投资及运行管理费用、占地面积或占用空间体积、设备可靠性及使用寿命代表的则是除尘器的三项经济指标。选择除尘器时,必须充分了解粉尘颗粒特性、烟气特性,在此基础上通过技术经济指标分析做出合理的选择。

5.2.2 机械式除尘器

1）重力沉降室

重力沉降室可能是所有空气污染控制装置中最简单的装置。就其本身的特点而论,有广泛的用途。它能用于分离颗粒分布中的大颗粒,在某些情况下,能进行适当的污染控制,它的主要用途是用作一种初筛选装置。在大颗粒特别多的地方,重力沉降室能除掉颗粒分布中的大量大颗粒,以减轻后续除尘净化装置的负荷。

（1）除尘原理

重力沉降室是使含尘气体中的粉尘借助重力作用而达到除尘目的的一种除尘装置,结构如图 5-1 所示。含尘气流通过横断面比管道大得多的沉降室时,由于含尘气流水平流速大大降低,较大的尘粒在重力作用下缓慢向灰斗沉降。重力沉降室内粉尘颗粒的沉降速度和空气流的停留时间影响沉降室的除尘效果。

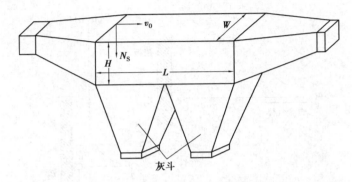

图 5-1　重力沉降室除尘装置示意图

（2）实际性能和测试

沉降式除尘器在运行理想的情况下，也只能用作气体的初级净化，除去最大和最重的颗粒。沉降室的除尘效率为 40% ~ 70%，仅用于分离 $d_p > 50\ \mu m$ 的尘粒。穿过沉降室的颗粒物必须用其他的装置继续捕集。

优点：结构简单、造价低廉、投资少、易维护管理、压损小（50 ~ 130 Pa），适用于净化密度大、粒径粗的粉尘。

缺点：占地面积大、除尘效率低，对小于 5 μm 的粉尘，净化效率几乎为零。

2）惯性除尘器

惯性沉降室是使含尘气流与挡板相撞，或使气流急剧地改变方向，借助其中粉尘粒子的惯性力使粒子分离并捕集的装置。

（1）除尘原理

装有两块挡板（B_1 和 B_2）的惯性沉降室工作原理如图 5-2 所示。与挡板 B_1 成垂直方向进入的含尘气流，较大粒径 d_1 的粒子由于惯性力作用，脱离气流流线（虚线）冲击到挡板 B_1 上，首先被分离下来。粒径较小的粒子 d_2 先以曲率半径绕过挡板 B_1，受挡板 B_2 的影响，然后以曲率半径随气流作回旋运动，由于粒子 d_2 惯性力和离心力的作用，脱离流线被分离下来。可见，惯性除尘器不仅借助惯性力捕尘，还借助离心作用和重力作用捕尘。气流在撞击或方向转变前速度愈高，方向转变的曲率半径愈小，则除尘效率愈高。

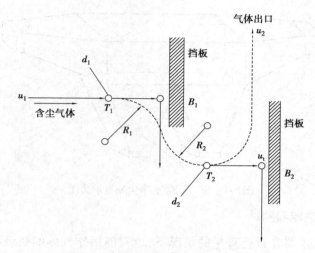

图 5-2　惯性除尘器除尘装置机理示意图

惯性除尘器大致可分为碰撞式和回转式两类。前者原理是使含尘气体撞击挡板,尘粒丧失惯性力而依靠重力作用落入灰斗。后者则是在含尘气体进入后,粗尘粒靠惯性力和重力作用直接冲入灰斗,而细小尘粒则与气体一起在改变方向后排走。

（2）实际性能和测试

惯性除尘器的净化效率低,压力损失在 200～1 000 Pa,其性能因结构不同而异。对冲击式惯性除尘器,冲击挡板的气流速度越大,捕集效率愈高;对于反转式惯性除尘器,气流转变方向愈大,转变次数愈多,分离尘粒粒径愈小,捕集效率愈高。在实际应用中,惯性除尘器一般放在多级除尘系统的第一级,用来分离颗粒较粗（粒径大于 10 μm）的粉尘。惯性除尘器宜用于净化密度和粒径较大的金属和矿物性粉尘,而不适宜于净化黏结性粉尘和纤维性粉尘。惯性除尘器也可以用来分离雾滴,此时要求气体在设备内的流速以 1～2 m/s 为宜。

3）旋风除尘器

旋风除尘器（简称旋风器）是使含尘气流做旋转运动,借助离心力作用将尘粒从气流中分离捕集下来的装置。用来分离粒径大于 5 μm 的颗粒物,除尘效率可达80%左右,工业上已有 100 多年的历史。旋风除尘器具有结构简单、造价便宜、占地面积小、维护管理方便、压力损失中等、动力消耗不大以及适用面宽的特点。能用于高温、高压及腐蚀性气体,并可回收干颗粒物。旋风器适用于工业炉窑烟气和工厂通风的预除尘;工业气力输送系统气固两相分离与物料气力烘干回收。捕集<5 μm 颗粒的效率不高,一般作预除尘用,亦可以作为高浓度除尘系统的预除尘器,与其他类型的高效除尘器合用。

(1)工作原理

普通旋风除尘器由圆筒体、圆锥体、进气管和排气管等组成,其结构如图 5.3 所示。

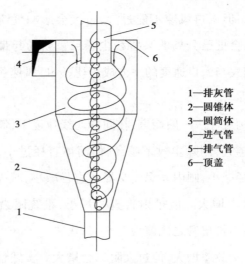

1—排灰管
2—圆锥体
3—圆筒体
4—进气管
5—排气管
6—顶盖

图 5-3　旋风除尘器结构及内部气流

从宏观上看,旋风器内的气流可归结为 3 个运动:外涡流、内涡流、上涡流。

含尘气流由进口沿切线方向进入除尘器后,沿器壁由上而下做旋转运动,这股旋转向下的气流称为外涡旋(外涡流),外涡旋到达锥体底部转而沿轴心向上旋转,最后经排出管排出。这股向上旋转的气流称为内涡旋(内涡流)。外涡旋和内涡旋的旋转方向相同,含尘气流做旋转运动时,尘粒在惯性离心力推动下移向外壁,到达外壁的尘粒在气流和重力共同作用下沿壁面落入灰斗。

气流从除尘器顶部向下高速旋转时,顶部压力下降,一部分气流会带着细尘粒沿外壁面旋转向上,到达顶部后,再沿排出管旋转向下,从排出管排出。这股旋转向上的气流称为上涡旋。

旋风分离器内气流运动是很复杂的,除切向和轴向运动外,还有径向运动。在这里,上涡旋不利于除尘。

如何减少上涡旋,降低底部的二次夹带及出口室气流旋转所消耗的动力,成为改进旋风器的主要问题。

(2)影响除尘效率因素

①入口风速。在一定范围内,提高除尘器入口气速,可使半分离直径减小,从而提高除尘效率。但入口风速不能过大,过大会影响气流运动的方向,破坏了正常的涡流运动,会把已分离的某些粉尘颗粒重新扬起带走,导致除尘效率下降。另外,压力损失与入口速度的平方成正比,入口风速过大,除尘器的阻力会急剧增加。

②除尘器的结构尺寸。一般而言,在同样切线速度下,筒体直径越小,尘粒受到的惯性离心力越大,则除尘效率越高,但筒体直径过小,尘粒易逃逸,使效率下降。出口管直径减小,则内外涡流交界面直径减小,减少了内涡旋,有利于提高除尘效率,则效率增大。但排出管直径过小,系统阻力会增大,故不能太小,一般取筒体直径与排出管之比值为 1.5 ~ 2.0。

筒体长度增大,则效率增大,但过大阻力会增大。实践证明,筒体与锥体总高度以不大于 5 倍筒体直径为宜。另外,希望锥体长度大一点,这样会使切向速度大,并减少与器壁间的距离。

③流体性质。对于含尘气流而言,气体黏度 μ 随温度升高而增大,而分割直径与 p 的平方根成正比,μ 增大分割直径增大,效率减小,对除尘不利。因此,温度高或 μ 增大都会使除尘效率减小。

尘粒的离心力与粉尘粒径的三次方成正比,而粒径的向心力与粒径的一次方成正比,综合作用的结果,d_p 增大则除尘效率增大;尘粒的分割直径与尘粒密度的平方根成反比,所以尘粒密度愈小,尘粒愈难分离,捕集效率越小。

④分离器的气密性。由旋风除尘器内静压分布规律可知,除尘器内静压在径向上的变化是由外壁向中心逐渐下降。即使旋风除尘器在正压下运行,锥体底部也会处于负压状态。如果除尘器下部不严密,渗入外部空气,会把正在落入灰斗的粉尘重新带起,除尘器效率将明显下降。据测试,漏风率为 0、5%、15% 时,除尘效率分别为 90%、50%、0。因此,在不漏风的情况下进行正常清灰是旋风除尘器运行中必须重视的问题。收尘量不大的除尘器可在下部设固定灰斗定时排除。当收尘量较大,要求连续排灰时,可设双翻板式和回转式锁气器。

（3）旋风除尘器的分类

①按气体流动状况分:切流反转式旋风除尘器,含尘气体由筒体沿侧面沿切线方向导入,常用的形式为直入式和螺壳式;轴流式旋风除尘器又分为轴流直流式和轴流反旋式。

②按结构形式分:圆筒体、长锥体、旁通式、扩散式。

5.2.3　电除尘器

电除尘器是利用静电力实现粒子(固体或液体粒子)与气流分离沉降的一种除尘装置,与机械方法的区别在于作用在悬浮粒子上的使粒子与气体分离的力,这种力是由电场中粉尘荷电引起的库仑力。

（1）工作原理

电除尘是利用强电场使气体发生电离,粉尘荷电,气体中的粉尘荷电在电场力的作用下,沉积在集尘板而分离出来的装置。静电除尘器由本体及直流高压电源两部分构成。本体中排列最基本的组成部分是一对电极(高电位的放电电极和接地的收尘电极),即数量众多的、保持一定间距的金属集尘电极(又称收尘电极或极板)与放电电极(又称电晕极或极线),用以产生电晕、捕集粉尘。设有清除电极上沉积粉尘的清灰装置、气流均布装置、存输灰装置等。工作原理如图 5-4 所示。

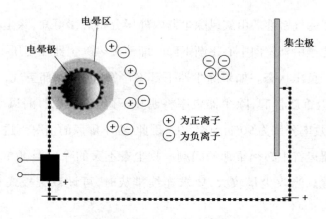

图 5-4　电除尘过程工作原理

电除尘器的除尘过程可分为 4 个部分：

①电晕放电：供电达到足够高压时，在高电场强度的作用下，电晕极周围小范围内(半径仅为数毫米的电晕内区)气体电离，产生大量自由电子及正离子。在离电晕极较远的区域(电晕外区)电子附着于气体分子上形成大量气体负离子。气体正、负离子及电子各向其异极性方向运动形成了电流。该现象称为"电晕放电"，当电晕极上施加负高压时称负电晕放电，施加正高压时称正电晕放电。

②粉尘荷电：当含尘气体通过存在大量离子及电子的空间时，离子及电子会附着在粉尘上，附着负离子和电子的粉尘荷负电，附着正离子的粉尘荷正电。显然，由于负离子浓度远大于正离子浓度，所以在极间空间中的大部分粉尘荷负电。

③收尘：在电场力作用下，荷电粉尘向其极性反方向运动，在负电晕电场中，大量荷负电粉尘移向接地的集尘极(正极)。

④清灰：粉尘按其荷电极性分别附着在极板(大量的)和极线(少量的)上，通过清灰使其落入灰斗，通过输灰系统使粉尘排出除尘器。

（2）电除尘器的特点

电除尘器实现粒子与气体分离所需的力（库仑力）是直接作用在粒子上的（在惯性、离心等除尘器中，粒子与气流同时受机械力的作用），因此实现粒子与气流分离消耗的能量比其他除尘器小得多。气流阻力最小，电除尘器的压力损失仅 100～1 000 Pa。

电除尘器的除尘效率高，一般在 95% 以上，有时甚至超过 99%，能捕集 1 μm 以下的细微粉尘，但从经济方面考虑，一般控制一个合理的除尘效率。

电除尘器的处理气量大，可用于高温（可高达 500 ℃）、高压和高湿（相对湿度可达 100%）的场合，能连续运转，并能完全实现自动化。

由于电除尘器具有高效低阻的特点，应用十分广泛，例如铜锌冶炼厂、水泥生产、燃料煤气的脱焦，等等。

电除尘器的主要缺点是设备庞大，耗钢多，需高压变电和整流设备，故投资高；要求制造、安装和管理的技术水平高；除尘效率受粉尘比电阻影响较大，一般对比电阻小于 $10^4 \sim 10^5 \Omega \cdot cm$ 或大于 $10^{10} \sim 10^{11} \Omega \cdot cm$ 的粉尘，若不采取一定措施，除尘效率将受到影响；此外，对初始浓度大于 30 g/cm^3 的含尘气体需设置预处理装置。

5.2.4　过滤式除尘器

过滤式除尘器，又称过滤器，是使含尘气流通过过滤材料将粉尘分离捕集的装置，属于高效干式除尘装置。按滤料种类、结构和用途可分为空气过滤器、颗粒层除尘器和袋式除尘器。采用滤纸或玻璃纤维等填充层作为滤料的称为空气过滤器，主要用于通风及空气调节方面的气体净化；采用织物等作为滤料的称为袋式除尘器，主要用于工业除尘；采用松散滤料，如玻璃纤维、金属绒、硅砂、焦炭等在一定容器内组成过滤层，称为颗粒层除尘器，在高温烟气除尘方面得到广泛应用。

（1）工作原理

含尘气流从下部进入滤料，在通过滤料孔隙时，粉尘被捕集于滤料上，透过滤料的清洁气体由排出口排出。但含尘气体中的粒子往往比过滤层中的空隙要小得多，因此通过筛滤效应收集粒子的作用是有限的。尘粒之所以能从气流中分离出来，其主要机理涉及拦截、惯性碰撞和扩散效应，其次还有静电力、重力作用等，如图5-5所示。

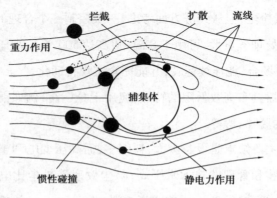

图 5-5　过滤原理

①拦截效应：是指颗粒在捕集体上的直接拦截，粒径较大的颗粒惯性大，沿直线流动，能与捕集体碰撞而被拦截；粒径较小的粒子因惯性而沿着气流的流线而流动，则无法被拦截。常用拦截效率来描述拦截效应的大小，拦截效率与捕集体的结构和性质以及气流的性质有关。

②惯性碰撞效应：当含尘气流接近滤布纤维时，气流将绕过纤维，而大于 1 μm 的尘粒由于惯性作用力，离开气流流线前进，撞击到纤维上而被捕集，所有处于粉尘轨迹临界线内的大尘粒均可达到纤维表面被捕获。惯性碰撞的捕集效率主要受到气流速度、尘粒粒径大小及性质、气流阻力、捕集体尺寸和结构等因素的影响。惯性碰撞效应随尘粒粒径及流速的增大而增大。

③扩散效应：扩散作用发生在粒径较小的尘粒中，当气溶胶粒子很小（$d_p < 1$ μm）时，特别是 $d_p < 0.2$ μm 的亚微米粒子，这些粒子随气流运动时在气体分子的撞击下脱离流线，像气体分子一样作不规则的布朗运动并与纤维接触而被

捕集。粒子间的相互扩散和粒子向捕集体的扩散是极为复杂的物理现象,直到现在仍是气溶胶科学的重要研究内容之一。但当 $d_p>1\ \mu m$ 时,可忽略扩散效应。

④重力沉降作用:粒径和密度大的尘粒进入除尘器后,当气速不大,作缓慢运动时,可因重力作用,自然沉降下来。重力沉降相对其他几种捕集机理较为简单,若重力沉降方向与气流方向一致,在上升流中,重力起反作用。除非粒子很大,在大多数情况下,重力沉降效率很小,故分析中常忽略重力沉降作用。

⑤静电作用:气溶胶粒子和捕集体通常带有电荷,这会影响粒子的沉积。粒子和捕集体的自然带电量是很少的,此时静电力可以忽略不计。但如果有意识地人为给粒子和捕集体荷电,以增强净化效果,静电力作用将非常明显。

上述各种捕集效应,对某一尘粒并非同时有效,起到主要作用的往往是一种、两种或三种效应的联合作用,其主导作用主要根据尘粒性质、滤料结构、特性及运行条件等实际情况而定。

众多的研究者对孤立捕集体对粒子的拦截、惯性碰撞、扩散、静电力、重力等各效应同时作用时的捕集机理,进行过大量的理论研究和试验,并建立了许多繁难的数理模型。但到目前为止,还没有得到较普遍认可的令人满意的理论结果。相比各模型,相对较为符合实际的处理方法是近似地把各效应同时作用的综合效率用串联模式来处理。

(2)除尘器的分类

目前常用的过滤式除尘器有袋式除尘器、颗粒层除尘器和滤尘器。其中袋式除尘器按照清灰方法可分为人工拍打袋式除尘器、机械振打袋式除尘器、气环反吹袋式除尘器和脉冲袋式除尘器;按照含尘气体进气方式可分为内滤式和外滤式;按照含尘气体与被分离的粉尘下落方向又可分为顺流式和逆流式。

5.2.5 湿式除尘器

湿式除尘器是用水或其他液体与含尘气体相互接触使粉尘粒子被捕集的装置,也能用于气体吸收及气体的降温、加湿、除雾(脱水)等操作中,这是其他类型的除尘器所起不及的。

湿式除尘器结构简单、造价低、效率高,适宜净化非纤维性和不与水发生化学反应的各种粉尘,尤其适宜净化高温、易燃和易爆的含尘气体。但存在设备及管道的腐蚀、污水和污泥的处理、因烟温降低而导致的烟气抬升减小及冬季排气产生冷凝水雾等问题。湿式除尘器有时又称为湿式气体洗涤器。

（1）工作原理

气液接触表面的形式及大小取决于一相进入另一相的方式。当含尘气体向液体中分散时,如在板式塔洗涤器中,将形成气体射流和气泡形式的气液接触表面,气泡和气体射流即为捕尘体。当液体向含尘气体中分散时,如在重力喷雾塔、离心式喷洒洗涤器、自激喷雾洗涤器、文丘里洗涤器和机械诱导喷雾洗涤器中,将形成液滴形式的气液接触表面,液滴为捕尘体。在填料塔、旋风水膜除尘器中,气液接触表面为液膜,气相中的粉尘由于惯性力、离心力等作用撞击到水膜中被捕集,液膜是这类湿式除尘器的捕尘体。

粉尘粒子在捕尘体上的沉降机理分为粉尘粒子在液滴捕尘体上的沉降和在气体射流中的沉降。前者主要依靠所述的惯性碰撞和拦截作用,其次是扩散、热泳力和静电作用等。后者在装有筛板或格栅的板式洗涤器中,粉尘粒子有两种惯性沉降机理,通过惯性沉降在塔板、格栅或气泡液膜表面上。

（2）湿式除尘器的分类

按不同能耗分类可分为低能耗、中能耗和高能耗 3 类。压力损失低于 1 500 Pa 的属于低能耗洗涤器,有重力喷雾洗涤器、湿式离心洗涤器等;压力损失为 1 500 ~ 3 000 Pa 的属于中能耗洗涤器,有冲击水浴除尘器、机械诱导喷雾洗涤器等;压力损失大于 3 000 Pa 的属于高能耗洗涤器,如高能文丘里洗涤器、喷射洗涤器等。

按不同除尘机制分类可分为如图 5-6 所示的 7 类:重力喷雾洗涤器、离心洗涤器、贮水式冲击水浴除尘器、泡沫洗涤器（板式塔）、填料床洗涤器（填料塔）、文丘里洗涤器和机械诱导喷雾洗涤器。

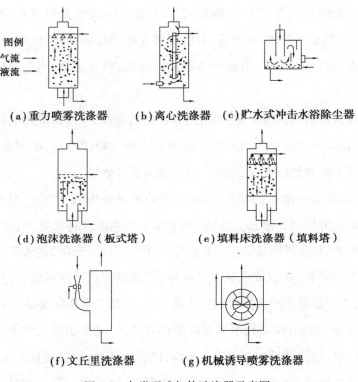

图 5-6　各类湿式气体洗涤器示意图

5.3　煅烧烟气脱氨技术

　　氨(NH₃)在常温常压下是无色气体,有强烈的刺激性气味。氨对人的眼和上呼吸道黏膜及皮肤有强烈的刺激作用,可引起结膜炎、角膜炎和支气管炎,严重者可致使发生喉头水肿、肺水肿,甚至昏迷,浓氨水接触皮肤可引起灼伤。

　　大气中高浓度的氨对植物、牲畜会有严重危害。1971 年,美国阿肯色州发生液氨管线破裂事件,泄出 80 t 氨,使 0.12 km² 森林全部枯萎,并毒害了牲畜和鱼类。

　　大气中氨的来源可分自然来源与人为来源两种。而氨危害主要来自与氨有关的化工企业,例如合成氨、氮肥工业、硝酸、染料以及以氨作原料的有机化工企业等。虽然自然界的有机物质可以缓慢分解出数量可观的氨(每年约 5.9×10^{10} t)。但由于分散、浓度低,未构成对人体的危害;而全世界每年人为排放量尽管大约只有 4×10^{7} t,但由于它排放浓度高、分布集中,因此对环境、对人体造成了危害。

氨在冷水中的溶解度是很大的,随着水温的升高,其溶解度迅速降低,且较氧气、二氧化碳等气体更易溶于水。根据上述氨的物理性质,可用水吸收或酸吸收的方法来治理低浓度含氨废气,可得到满意的效果。

但是,随着氨水浓度的增加,气相中氨的平衡分压迅速增加;温度升高,也会使气相中氨分压迅速增加。因而,在常压下要想既获得浓氨水,同时又彻底回收尾气中的氨,是较困难的。一般需采用压力下(中、低压)逆流吸收的流程,以回收废气中的氨,并制取浓氨水。此外,低温也有利于氨吸收。在含氨尾气的治理中,由于浓氨水的实用价值大于稀氨水,一般不希望获得稀氨水作产品。

合成氨尾气的治理与利用主要有两种方法:一是采用低压或中压吸收,回收尾气中的氨,经处理后的尾气送去燃烧,以回收其热值;二是首先采用高压吸收回收尾气中的氨,然后进一步回收尾气中的氢或氩、氖、氙、氦等气体,返回系统中作为原料,或者用作其他工业的原料。目前大多数合成氨厂均采用后者,对合成氨尾气进行充分的回收利用,只有少数小氮肥厂由于尾气量小,还是将贮罐气与合成放空气经吸收回收其中的氨后送锅炉房作燃料,回收热值。

合成氨尾气的综合利用工艺包括:高压水洗回收氨;变压吸附法、膜分离法、低温分离法回收氢;低温法回收 Ar、Kr、Xe、He 等稀有气体。

高压水洗法回收氨由于后续工艺变压吸附法、膜分离法、低温分离法回收氢均需要一定的压力($1.6 \sim 13.0$ MPa),因此氨回收亦需在中压或高压下进行。同时,这三种回收氢的方法均对原料气的氨含量有严格要求($<200 \times 10^{-6}$),只有采用高压水洗法才能满足要求。高压水洗流程与前面中压、常压水洗流程类似。

变压吸附法、膜分离法、深冷分离法回收氢合成氨弛放气的排气量及组成因原料及工艺技术不同而有所不同。

5.4　煅烧过程中氮氧化物脱除

氮氧化物是指空气中主要以一氧化氮和二氧化氮形式存在的氮的氧化物。空气中含氮的氧化物有一氧化二氮(N_2O)、一氧化氮(NO)、二氧化氮(NO_2)、三氧化二氮(N_2O_3)等，其中占主要成分的是 NO 和 NO_2，一般将两者统称为氮氧化物，用 NO_x 表示。

烧结过程中的 NO_x 主要来源于烧结过程中燃料的燃烧。烧结生产中的燃料分为点火燃料和烧结燃料两种。烧结点火燃料一般为气体燃料或液体燃料。气体燃料一般常用焦炉煤气(15%)与高炉煤气(85%)的混合体，天然气也可以作为点火燃料。由于高炉煤气的热值较低，一般不单独做点火燃料。个别厂无气体燃料则采用重油作点火燃料。烧结燃料是指混入烧结料中的固体燃料，一般采用的固体燃料主要是焦粉和无烟煤。一般要求烧结所使用的固体燃料含碳量高，挥发分、灰分和硫分低。

一般情况下燃烧过程中产生的氮氧化物主要是 NO 和 NO_2，在低温条件下燃烧还会产生一定量的 N_2O。燃烧过程中生成 NO_x 的种类和数量除了与燃料性质相关外，还与燃烧温度和过量空气系数等燃烧条件密切相关。在通常的燃烧温度下，煤燃烧产生的 NO_x 中 NO 占90%以上，NO_2 占5%~10%，N_2O 占1%左右。

燃烧过程中 NO_x 的产生有以下 3 种途径：

在高温燃烧条件下，空气中的氮气(N_2)和氧气(O_2)相互反应生成 NO_x，这种类型的 NO_x 也称为热力型 NO_x(Thermal NO_x)；

燃烧过程中，空气中的 N_2 和燃料中的碳氢基团(CH)反应生成 HCN、CN 等 NO 前驱物，这些前驱物又被氧化成为 NO_x，这种类型的 NO_x 也称为快速型 NO_x(Prompt NO_x)；

燃料中的氮在燃烧过程中被氧化成为 NO_x，这部分 NO_x 被称为燃料型 NO_x(Fuel NO_x)。

5.4.1　燃烧过程中降低 NO_x 排放技术

降低燃烧过程中 NO_x 排放技术已经得到了广泛的研究和应用。目前降低 NO_x 排放技术可以分为低 NO_x 燃烧技术和烟气处理降低 NO_x 技术两大类。通过 NO_x 的生成机理可以发现,燃烧条件对 NO_x 的生成和排放有很大影响,适当调整燃烧条件,就有可能减少 NO_x 的生成和排放。通过改变燃烧条件来控制 NO_x 生成的技术称为低 NO_x 燃烧技术,常用以下几种方法控制燃烧过程中 NO_x 的生成:

①减少燃料周围氧浓度。包括减少炉内过量空气系数以减少炉内空气总量,或通过减少一次风量和减少挥发分燃尽前燃料与二次风的混合,以减少着火区域的氧浓度。

②在氧浓度较低的情况下,维持足够的停留时间,使燃料中的氮不容易生成 NO_x,而且使已经生成的 NO_x 经过均相反应或者异相反应而被还原分解。

③降低燃烧温度峰值,减少燃料在高温区停留时间,减少热力型 NO_x 的生成,例如降低热风温度和烟气再循环等。

④在炉中加入还原剂,利用还原剂将 NO_x 分解为 N_2,例如炉内加入 NH_3,喷入再燃燃料等。

上述方法在实际应用中可以通过以下几种工艺方式实现:低氧燃烧、空气分级燃烧、燃料分级燃烧、浓淡偏差燃烧、烟气再循环、低 NO_2 燃烧器、炉内喷射脱硝等。

5.4.2　低氧燃烧

低氧燃烧是使燃烧过程尽可能地在接近理论空气量的条件下进行,烟气中过剩氧的减少,可以抑制 NO_x 的生成,这也是一种最为简便经济的降低 NO_x 排放的方法。对于每一个具体锅炉,过量空气系数 α 对 NO_x 的影响也不尽相同,因而采用低氧燃烧方法降低 NO_x 程度也不相同。一般说来,采用低氧燃烧方法可以降低 NO_x 排放 15% ~ 20% 。

采用低氧燃烧方式,不仅可以降低 NO_x 的排放,而且可使锅炉排烟热损失减少,对提高锅炉热效率有利。但如果氧气浓度过低,排烟中 CO、C_mH_n 和烟黑等有害物质也相应增加,大大增加化学未完全燃烧损失,同时飞灰含碳量增加,导致机械不完全损失增加,燃烧效率降低。此外,低氧浓度会使得炉膛内某些区域的气体成为还原性气体,从而会降低灰熔点,引起炉壁的结渣和腐蚀。因此在确定低 α 范围时要全面考虑燃烧效率、NO_x 的排放等问题。一般锅炉运行时保证空气系数 α 在 1.25 ~ 1.30,则 CO 浓度不会太高,NO_x 的排放也会比较低。

5.4.3 空气分级燃烧

空气分级燃烧是目前使用最为普遍的低 NO_x 燃烧技术之一。空气分级燃烧的基本原理将燃料的燃烧过程分阶段来完成。在第一阶段,将从主燃烧器供入炉膛的空气量减少到总燃烧空气量的 70% ~ 75%(相当于理论空气量的 80% 左右),使燃料在缺氧的富燃料情况下燃烧。此时第一级燃烧区内过量空气系数 $\alpha<1$,因而降低了燃烧区内的燃烧速度和水平,因此不但延迟了燃烧过程,而且在还原气氛中降低了 NO_x 的生成速度,抑制了 NO_x 在这一区域的生成量。为了完成其余未燃尽物质的燃烧,在主燃烧器上方通过专门的空气喷口给炉膛送入空气,在第一燃烧区 $\alpha<1$ 条件下产生烟气混合,在 $\alpha>1$ 的条件下完成整个燃烧过程。由于空气是分两级供入炉内,故该方法称为空气分级燃烧法。空气分级的原理如图 5-7 所示。

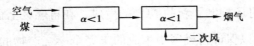

图 5-7 空气分级燃烧技术原理图

在第一燃烧区内燃料在先缺氧情况下燃烧,燃料中的氮分解成 NH、HCN、

CN、NH$_3$、HCN 等含氮小分子,它们有可能相互反应生成 N$_2$。

含氮燃料在分级燃烧时的单相及多相催化反应很重要。CO 的存在可以导致 NO 快速减少,在灰及焦炭的催化下有可能发生下列反应:

$$2CO+2NO \longrightarrow 2CO_2+N_2 \tag{5-1}$$

$$2CO+C(O) \longrightarrow CO_2+2C(\ ) \tag{5-2}$$

$$2C(\ )+2NO \longrightarrow 2C(O)+N_2 \tag{5-3}$$

C( ) 和 C(O) 分别表示碳表面和吸附氧的碳表面。多相催化的 NO 还原作用取决于灰的含量和灰成分,随燃料的种类不同而不同。采用空气分级燃烧一般有两类,一类是燃烧室的分级燃烧,另一类是单个燃烧器的分级燃烧,也就是在燃烧器上实现分级燃烧,这种燃烧器也称为低 NO$_x$ 燃烧器。流化床锅炉采用燃烧室内的分级燃烧,分级燃烧中一次风和二次风的比例可高达 1:1。而悬浮燃烧方式两者都可采用,但一般分级系数较小,一次风的比例为 80%。

5.4.4 燃料分级燃烧技术

根据前面的 NO 还原反应可知,NO 与 CH$_i$、CO、H$_2$、C 以及 C$_m$H$_n$ 会发生还原反应生成 N$_2$,这些反应的总反应式为:

$$4NO+CH_4 \longrightarrow 2N_2+CO_2+2H_2O \tag{5-4}$$

利用这一原理,将 80% ~85% 的燃料送入第一燃烧区,在 $\alpha>1$ 的条件下燃烧,送入第一级的燃料称为一次燃料,其余 15% ~20% 的燃料在主燃烧器的上部送入二次燃烧区,在 $\alpha<1$ 的条件下形成很强的还原气氛,使得在一次燃烧区中生成的 NO$_x$ 在二次燃烧区内被还原成 N$_2$。二次燃烧区又称再燃区,送入二次燃烧区的燃料称为二次燃料或再燃燃料。在再燃区不仅使得已经生成的 NO$_x$ 得到还原,同时还抑制了新的 NO$_x$ 的生成。在再燃区上面还要布置三次燃烧区,喷入二次风,以保证再燃区中生成的未完全燃烧产物的燃尽,这种燃烧方法称为燃料分级燃烧,其原理如图 5-8 所示。

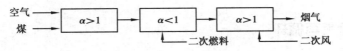

图 5-8　燃料分级燃烧技术原理图

燃料分级燃烧的特点是将燃烧分为 3 个区,因此该方法又称为三次燃烧法或者再燃法。一般认为空气分级简便易行,但要达到非常低的 NO_x 排放效果不是很好。这主要是由于焦炭氮会从第一级携带到燃尽段。燃料分级燃烧方法由于在第一段中空气过剩能导致第一段的燃料燃尽,因此减少 NO_x 排放的潜力较大,单独使用燃料再燃技术可以降低 NO_x 排放 35%～65%,如果该技术与其他低 NO_x 燃烧技术例如空气分级燃烧技术,低 NO_x 燃烧器技术等相结合使用可以降低 NO_x 排放约 85%。

燃料分级时所使用的二次燃料可以是和一次燃料相同的燃料,例如煤粉炉可以利用煤粉作为二次燃料。但目前煤粉炉应用更多的是碳氢类气体或者液体燃料作为二次燃料。这是因为与空气分级燃烧相比较,燃料分级燃烧在炉膛内还需要三级燃烧区,这使得燃料和烟气在再燃区内的停留时间相对较短,所以二次燃料应该选用容易着火和燃烧的气体或者液体燃料,例如天然气等。

5.4.5　浓淡偏差燃烧技术

浓淡偏差燃烧技术的原理是依据 NO_x 对过量空气系数 α 的依赖关系,使部分燃料在空气不足条件下燃烧,即燃料过浓燃烧;另一部分燃料在空气过剩下燃烧,即燃料过淡燃烧。无论是过浓燃烧还是过淡燃烧,燃烧时过量空气系数 α 都不等于 1,前者 $\alpha<1$,后者 $\alpha>1$,因此该方法又称为化学计量数配比燃烧或者偏差燃烧。燃料过浓部分因氧气不足,燃烧温度不高,所以燃料型 NO_x 和热力型 NO_x 都很低。燃料过淡部分,因空气量很大,燃烧温度降低,使热力型 NO_x 降低。这一方法可以用于燃烧器多层布置的电站锅炉,在保持总空气量不变的条件下,调整各层燃烧器喷口的燃料与空气的比例,然后保证浓淡两部分燃气充分混合好并燃尽。该方法比较简单,NO_x 排放能明显降低。

5.4.6　烟气再循环

烟气再循环方法是将部分低温烟气直接送入炉内,或与空气(一次风或二次风)混合后送入炉内,降低了炉内的温度和氧气含量,使燃烧速度也降低,因而热力型 NO_x 排放降低,这种方法特别适用于含氮量少的燃料。对于燃气锅炉, NO_x 的降低最为显著,可减少20%～70%;对于燃用重油的锅炉 NO_x 排放可降低10%～50%,液态排渣的煤粉炉 NO_x 可降低10%～25%。固态排渣的煤粉炉80%的 NO_x 是燃料型 NO_x,因此这种方式降低 NO_x 作用有限, NO_x 降低量在15%以下,在燃用着火困难的煤时,受到炉温和燃烧稳定性降低的限制,故不宜采用。

烟气再循环法的效果不仅与燃料的种类有关,而且与再循环烟气量有关。一般当循环率 r 增加时, NO_x 减少,其减少程度与炉型有关。 r 太大,炉温降低太多,燃烧不稳定,化学与机械燃烧热损失增加,因此烟气再循环比例 r 一般不超过30%。一般大型锅炉限制在10%～20%,这时 NO_x 降低25%～35%。

烟气再循环方法可以在一台锅炉上单独使用,也可以和其他低 NO_x 燃烧方法配合使用,它可以用来降低主燃烧器空气的浓度,也可以用来输送二次燃料。烟气再循环的缺点是由于大量烟气流过炉膛,缩短了烟气在炉内的停留时间,并使电耗增加。

德国、日本等国家的钢铁企业在烧结机中采用了烟气再循环的方法,我国的宝钢、济钢、柳钢等企业从节能角度出发,对烧结带式冷却机或环式冷却机的热废气进行部分回收利用,即国内目前实施的是"热风烧结"技术和余热利用技术,并取得显著经济效益。由于烟气再循环能降低烧结燃料的消耗,因此由烧结燃料产生的 NO_x 也随之降低。因此采用烟气再循环能够降低烧结机的 NO_x 排放。

5.5　煅烧烟气中其他杂质离子脱除

5.5.1　烧结烟气中汞的脱除

目前,国内外治理含汞废气的方法主要有利用现有的烟气控制设备脱汞、吸附法、溶液吸收法、联合净化法、化学氧化法等。

1) 现有烟气控制设备

(1)除尘设备

如静电除尘器,而以颗粒态形式存在的汞比例较低,且这部分汞大多存在于亚微米级颗粒中,而一般的电除尘器对这部分粒径范围内的颗粒脱除效果较差,因此静电除尘器的除汞能力有限。布袋除尘器则在脱除高比电阻粉尘和细粉尘方面有独特效果。由于细颗粒上富集了大量的汞,因此布袋除尘器有很大潜力,能够除去约70%的汞。但由于受烟气高温影响,同时袋式除尘器自身存在滤袋材质差、寿命短、压力损失大、运行费用高等局限性,限制了其使用。

(2)脱硫设施

脱硫设施温度较低,有利于 Hg^0(单质汞)的氧化和 Hg^{2+} 的吸收,是目前除汞最有效的净化设备。特别是在湿法脱硫系统中,由于 Hg^{2+} 易溶于水,容易与石灰石或石灰吸收剂反应,能除去约90%的 Hg^{2+}。

(3)脱硝设施

选择性催化还原(SCR)和选择性非催化还原(SNCR)是两种常用的脱硝工艺。该工艺能够加强汞的氧化而增加将来烟气脱硫(FGD)对汞的去除率,德国电站试验测试发现,烟气通过 SCR 反应器后,Hg^0 所占份额由入口的40% ~ 60%降到了2% ~12%。

2）吸附法

用多孔固体吸附剂将混合气体中的汞积聚或凝缩在表面,达到脱除汞的目的。单纯的活性炭对 Hg^0 去除率低,活性炭上浸渍化合物后可以解决这一问题。对活性炭注入技术(ACI)的研究热点之一是如何对活性炭进行改性,提高其对 Hg^0 的去除效果。汞在被活性炭吸附的同时与吸附剂上的化学物质发生化学反应,生成汞化合物,附着在活性炭上。采用化学方法处理过的活性炭比以加热方法处理过的活性炭的吸附性高。利用氯、溴、碘、硫的化合物对活性炭进行负载处理用于烟气除汞,得到了初步探索。

（1）充氯活性炭吸附法

当含汞废气通过预先用氯气处理过的活性炭表面时,汞与吸附在活性炭表面上的氯气反应,反应方程式为:

$$Hg + Cl_2 \longrightarrow HgCl_2 \tag{5-5}$$

生成的氯化汞被吸附在活性炭的表面上,从而吸附效率高,成本低。该方法适用于处理低浓度含汞废气。

（2）浸渍金属活性炭吸附法

在吸附剂表面浸渍一种能与汞形成汞齐的金属(金、银、镉、镓等),采用的吸附剂有活性炭、活性氧化铝、陶瓷、玻璃丝等。对吸附了汞的吸附剂加热,一方面使吸附剂得到再生,另一方面回收汞。该法净化效率高,采用银浸渍过的活性炭吸附汞蒸气比不浸银的活性炭的吸附容量大 100 倍。

（3）多硫化钠-焦炭吸附法

在焦炭上喷洒多硫化钠溶液,除固体表面的活性炭吸附外,多硫化钠与汞反应生成 HgS。该法每隔 4~5 d 要向焦炭表面喷洒多硫化钠 1 次,除汞效率一般在 80% 左右。该工艺的吸附剂来源广泛,适用于炼汞尾气和其他有色金属冶炼中高浓度含汞废气的净化。

（4）HgS 催化吸附法

在每克载体上装入 10 mg S 和 100 mg HgS 作为催化剂,利用以下反应:

$$S+Hg \longrightarrow HgS \tag{5-6}$$

$$HgS+S \longrightarrow HgS_2 \tag{5-7}$$

$$HgS_2+Hg \longrightarrow 2HgS \tag{5-8}$$

该法除汞效率高。

(5)飞灰

由煤粉炉产生的飞灰具有细小的粒径和实用性,在烟气汞排放控制方面已经显露出很重要的作用。飞灰中的多种金属氧化物对单质汞还有不同程度的催化氧化作用,如 CuO、Fe_2O_3 等。有研究将飞灰残炭的吸附能力与商业活性炭进行了对比试验,表明在低汞浓度条件下,飞灰残炭与商业活性炭的差距并不显著。从技术、经济角度综合考虑,未燃尽的残炭作为廉价的吸附剂,对于汞污染控制具有独特的优势。

3)溶液吸收法

根据汞的性质,应选用具有较高氧化还原电位的物质,如高锰酸钾、碘、次氯酸钙、次氯酸钠、硝酸、酸性重铬酸钾以及与汞可以生成络合物的物质作为吸收剂。较为常用的吸收剂有高锰酸钾和次氯酸钠溶液,其与汞反应速度快、净化效率高、溶液浓度低、不易挥发、沉淀物少且比较经济。

(1)高锰酸钾溶液吸收法

高锰酸钾溶液具有很高的氧化还原电位,具有强氧化性,可以将汞迅速氧化成氧化汞,同时产生的二氧化锰又可以和汞生成络合物。其反应式为:

$$2KMnO_4+3Hg+H_2O \longrightarrow 2KOH+2MnO_2+3HgO \downarrow \tag{5-9}$$

$$MnO_2+2Hg \longrightarrow Hg_2MnO_2 \downarrow \tag{5-10}$$

吸收设备可以采用各种塔器,采用斜孔板塔较多。吸收液中 $KMnO_4$ 浓度为 $0.3\% \sim 0.6\%$,空塔气速 2 m/s 左右,液气比 $2.6 \sim 5.0$ L/m³,净化效率达 $96\% \sim 98\%$。反应的生成物可用低温电解法,也可用氯化锡处理回收汞。废水经曝气处理后可以重复使用。对高浓度汞蒸气注意定时补加高锰酸钾。该法净化效率很高($>99.9\%$)。尾气含汞可以稳定控制在 10 μg/m³ 以内,消除了汞蒸气对环境的污染。工艺流程简单,设备易操作。

(2)次氯酸钠溶液吸收法

次氯酸钠溶液吸收法采用的吸收剂是次氯酸钠(氧化剂)和氯化钠(络合剂),除可生成 HgO 外,还可生成汞氯络合离子$[HgCl_4]^{2-}$。采用的设备和工艺路线与高锰酸钾法类似,反应产物也可通过电解法回收汞。

(3)硫酸软锰矿液体吸收法

硫酸软锰矿液体吸收法采用的吸收剂为含软锰矿(粒度为 110 目,约 130 μm,含 $MnO_2$68% 左右)100 g/L、硫酸 3 g/L 左右的悬浮液。主要化学反应为:

$$MnO_2+2Hg \longrightarrow Hg_2MnO_2 \downarrow \tag{5-11}$$

$$Hg_2MnO_2+MnO_2+4H_2SO_4 \longrightarrow 2HgSO_4+2MnSO_4+4H_2O \tag{5-12}$$

$$HgSO_4+Hg \longrightarrow Hg_2SO_4 \tag{5-13}$$

实际应用中多采用二级吸收,有时后面还串联经过充氯活性炭吸附器,使总净化效率达99%以上。吸收塔下来的含汞废液可回收 $HgSO_4$ 进而回收汞。此法的优点是可净化高浓度含汞废气,净化效率高,运行费用低,可以回收汞资源,经济效益好,但是装置复杂。

(4)碘-碘化钾溶液吸收法

碘-碘化钾溶液吸收法采用的吸收液为含 I_2 的 KI 溶液,反应如下:

$$I_2+Hg+2KI \longrightarrow K_2HgI_4 \tag{5-14}$$

该法可以处理高浓度的含汞废气,吸收产物可以用电解法回收汞。但是投资和运行费用均较高。

(5)过硫酸铵溶液吸收法

汞与过硫酸铵的反应式为:

$$H_2SO_3+2Hg+4H^++8I^- \longrightarrow 2[HgI_4]^{2-}+S+3H_2O \tag{5-15}$$

反应后的溶液含汞浓度达到一定值时,可以采用电解法回收汞。

（6）氯化法

氯化法由挪威公司开发。烟气进入脱汞塔，在塔内与喷淋的 $HgCl_2$ 溶液逆流洗涤，烟气中的汞蒸气被 $HgCl_2$ 溶液氧化生成 Hg_2Cl_2 沉淀。将生成的部分 Hg_2Cl_2 沉淀用 Cl_2 氧化，再生成 $HgCl_2$ 溶液以便循环使用。

（7）硫化钠法

硫化钠法为日本开发。烟气进入洗涤塔，洗涤塔内喷入硫化钠溶液，95% ~ 98% 的汞与硫化钠生成硫化汞沉淀而得以分离。

4）联合净化法

（1）冷凝-吸收联合工艺

如果来自污染源的含汞气体浓度很高，应先采用冷凝法进行预处理，以便先回收易于冷凝的大部分汞。冷凝后的废气含汞仍较高，采用溶液吸收法处理，基本解决含汞废气污染的问题。

（2）喷淋吸收-吸附工艺

采用喷淋塔预处理烟气，除尘的同时，吸收液可以除去一部分汞，吸收后的气体进入吸附塔，用活性炭或焦炭等吸附剂吸附剩余的汞。

5）化学氧化法

在烟气进入脱硫塔前，加入某种催化剂，如靶类、羰基类物质，可促使 Hg^0 氧化成 Hg^{2+}，从而提高汞的脱除率。

5.5.2 烟气中砷的脱除

1）冷凝除砷工艺

进入烟气的砷主要以蒸气形态存在，易升华，随温度升高，蒸气压增大，其蒸气压与温度的变化关系见式（5.1）：

$$\lg P = -\frac{3\ 132}{T} + 7.16 \tag{5.1}$$

温度降低,蒸气压下降迅速,As_2O_3 从蒸气状态快速冷凝为固体,利用这一特点,可以采用先冷凝再除尘的方法。除尘装置可以采用电除尘装置和袋式除尘器。若烟气中含有 SO_2 和 H_2O,则烟气温度不宜低于 120 ℃,否则烟气中的 SO_2 和 H_2O 结合形成酸雾,腐蚀设备。

2)吸收净化工艺

烧结烟气中同时含有 As_2O_3 和 SO_2 时,可以采用石灰乳吸收净化。净化机理如下:

$$SO_2 + H_2O \longrightarrow H_2SO_3 \tag{5-16}$$

$$2H_2SO_3 + 2Ca(OH)_2 \longrightarrow 2CaSO_3 \cdot \frac{1}{2}H_2O \downarrow + 3H_2O \tag{5-17}$$

$$As_2O_3 + 3H_2O \longrightarrow 2As(OH)_3 \tag{5-18}$$

$$2As(OH)_3 + 3Ca(OH)_2 \longrightarrow Ca_3(AsO_3)_2 \downarrow + 6H_2O \tag{5-19}$$

As_2O_3 和 SO_2 转化为沉淀除去,沉渣应妥善堆放,并用混凝土覆盖后,填埋处理。

3)吸附净化工艺

砷化氢具有较强的还原性,在空气中可以燃烧,易溶于有机溶剂。可以利用氧化性物质如高锰酸钾、次氯酸钠、硝酸银、氯化汞和三氯化磷的水溶液与砷化氢发生氧化还原反应将其转化为无毒或低毒的物质。但是该法设备腐蚀现象严重,存在吸收液的二次污染问题,具有局限性。

某研究员试验采用载于多孔物质上的活性组分氧化铜复配活性氧化锌与吸附于其上的砷化氢反应,砷化氢被氧化成高价的固体砷化物除去,其反应原理如下:

$$2AsH_3 + 3CuO \longrightarrow Cu_3As + As + 3H_2O \tag{5-20}$$

$$2AsH_3 + 3ZuO \longrightarrow Zu_3As + As + 3H_2O \tag{5-21}$$

4)燃烧法

含砷化氢尾气可以采用燃烧法处理,其燃烧机理为:

$$2AsH_3 + 3O_2 \longrightarrow As_2O_3 + As + 3H_2O \tag{5-22}$$

燃烧过程中生成的 As_2O_3 在进行冷凝后，通过收尘器捕集，防止二次污染。

5.5.3　烟气中铅的脱除

1）化学吸收法

目前采用的吸收剂主要是稀醋酸或 NaOH 溶液。

（1）稀醋酸溶液净化含铅、锌烟废气

在斜孔板塔中，用 $0.25\%\sim0.3\%$ 的醋酸溶液作为吸收剂，使铅烟中的 Pb 和 PbO 变成醋酸铅：

$$Pb + 2CH_3COOH \longrightarrow Pb(CH_3COO)_2 + H_2 \tag{5-23}$$

$$PbO + 2CH_3COOH \longrightarrow Pb(CH_3COO)_2 + H_2O \tag{5-24}$$

烧结烟气进塔之前，先做除尘预处理，除去较大的颗粒后，再进入吸收塔。空塔一般不会超过 2 m/s，液气比根据气量的大小，控制在 $(2.8\sim4)$ L/m^3，净化效率可达 90% 以上。

（2）稀碱液吸收含铅、锌废气

在冲击式净化器内采用 1% 的 NaOH 作为吸收剂净化含铅、锌烟的废气，同时可以除去较大的铅、锌尘粒。工艺流程如图 5-9 所示。

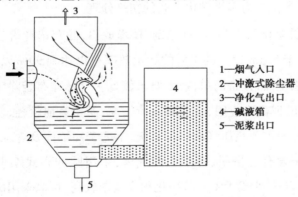

1—烟气入口
2—冲激式除尘器
3—净化气出口
4—碱液箱
5—泥浆出口

图 5-9　稀碱液吸收含铅、锌废气

吸收机理如下：

$$2Pb+O_2 \longrightarrow 2PbO \tag{5-25}$$

$$PbO+2NaOH \longrightarrow NaPbO_2+H_2O \tag{5-26}$$

2）物理吸收法（洗涤净化）

洗涤净化烧结烟气中铅、锌烟尘的工艺设备简单，采用水作为介质，价廉易得，运行费用低。但是存在污水和污泥处理问题。若烧结烟气中含有硫氧化物等酸性气体，还会有设备及管道腐蚀的问题。

由于铅、锌及它们的氧化物不溶于水，洗涤净化工艺的原理为惯性碰撞、拦截作用、重力沉降作用及扩散作用等。该法适用于含铅、锌尘粒较多的情况。

洗涤净化工艺可以采用的设备有填料塔、喷雾洗涤塔、旋流板塔、泡沫塔和文丘里洗涤器等。其中，文丘里洗涤器的净化效率较高。

3）袋式除尘净化工艺

如前所述，铅、锌污染的主要形式是烟和尘，因此，控制烧结烟气中铅、锌污染的重要途径之一就是微粒的捕集。根据尘粒的粒径范围选择不同的收尘工艺。

粒径大于 20~40 μm 的粗颗粒铅尘，可采用重力沉降法，该法结构简单，气相阻力小，但净化效率较低，可以作为前期预处理。

旋风除尘器结构简单、安装和运行费用低，适用于处理粒径为 10 pm 以上的较粗尘粒，也常常作为多级净化工艺的初级处理。

袋式除尘器净化效率高，运行稳定，技术成熟，滤布选择得当、结构设计合理的情况下，对于 5 μm 以上的尘粒的除尘效率可以达到99%以上。且袋式除尘器相比静电除尘器，设备简单，技术要求较低。气脉冲布袋除尘器自 20 世纪 70 年代在国内得到普遍应用，其过滤负荷较高，滤布磨损较轻，使用寿命较长，运行安全可靠。但需要高压气源用于清灰，不适于高浓度及含水分较多的含尘气体净化。对于含有大量铅、锌烟尘的气体，采用脉冲袋式除尘器，优选滤料后，除尘效率可以达到99.9%。若净化程度要求较高，可以采用两级净化，即袋式除尘器作为预处理手段，进而采用湿法工艺处理。

参考文献

[1] 方进,顾春光,任光耀,等.一种回转窑煅烧烟气的回收、净化方法：
　　CN109701344A[P].2019-05-03.

[2] 李立波.转炉烟气净化与回收工艺研究[J].中国科技博览,2012(20):249.

[3] 闫潇睿,吕建燚.燃煤烟气中颗粒物的脱除[J].山东化工,2021,50(9):
　　261-262.

[4] 黄学飞,刘杰,桂艳,等.电解烟气净化除尘器的研究[J].机械,2018,45
　　(12):49-52.

[5] 刘一鸣,董四禄,肖万平.电解锰渣煅烧含氨烟气制酸系统的设计[J].有色
　　设备,2021(1):39-42.

[6] 李小敏.旋风除尘器的结构设计[J].现代制造技术与装备,2021,57(6):
　　86-88.

[7] 李雪娥.双极电袋复合除尘器的双极荷电机理与增效特性研究[D].武汉:
　　武汉科技大学,2019.

[8] 郭克敏,杨晓军.袋式除尘器在煅烧冷却机烟气处理中的应用[J].轻金属,
　　2004(5):46-48.

[9] 崔少平.湿式电除尘技术的研究[D].北京:华北电力大学,2015.

[10] 赵俊霖,万军,吕值敏.脉冲电源提效技术在烧结烟气电除尘中的应用
　　[J].烧结球团,2021,46(2):68-73.

[11] 郭立新.提高水泥厂电除尘器除尘效率措施的研究与应用[D].长春:吉林
　　大学,2004.

[12] 张迎福,刘义梅,管欣弘.试论烧结烟气脱硫中除尘器的配置[C]//2014
　　年十一省(市)金属(冶金)学会冶金安全环保学术交流会论文集.太原,
　　2014:347-349.

[13] 迟栈洋,刘陈,程华花,等.冶炼烟气制酸系统烟气复合除尘技术的研发应用[J].硫酸工业,2020(1):29-35.

[14] 台炳华.工业烟气净化[M].2版.北京:冶金工业出版社,1999.

[15] 童志权.工业废气净化与利用[M].北京:化学工业出版社,2001.

[16] 尚大伟,曾少娟,张香平,等.质子型酸性离子液体吸收净化氨气研究[C].//第八届全国环境化学大会论文集,2015:1.

[17] 王静怡,马桂英,陈德清,等.一种含氨废气吸收净化回收装置:CN112221333A[P].2021-01-15.

[18] 曾少娟,尚大伟,余敏,等.离子液体在氨气分离回收中的应用及展望[J].化工学报,2019,70(3):791-800.

[19] 孙钦平,刘本生,李吉进,等.一种氨气吸收和监测装置:CN206756768U[P].2017-12-15.

[20] 高明.低氮燃烧及烟气脱硝国内外研究现状[J].广州化工,2012,40(17):18-19.

[21] 徐良策.低氮燃烧脱硝技术在氧化铝焙烧炉的应用[J].中国金属通报,2019(8):9-10.

[22] 刘银杰.水泥窑炉低氮燃烧综合脱硝技术及应用实践[J].中国水泥,2020(10):75-77.

[23] 刘晓云.低氮燃烧加SNCR脱硝技术改造在神木公司的应用[J].山东工业技术,2017(8):40-42.

[24] 范爱晶.新型低氮燃烧器在加热炉脱硝改造中的应用[J].能源化工,2016,37(3):79-82.

[25] 丁丰旭,李述斌,陈星.一种分级燃烧用低氨脱硝装置:CN215276486U[P].2021-12-24.

[26] 吕学敏.煤粉锅炉两段式空气分级低 NO_x 燃烧技术的实验研究与数值模拟[D].上海:上海交通大学,2009.

[27] 蔡翔,王明,唐卫华,等.分解炉燃料分级降低 NO_x 浓度的生产实践[J].水泥工程,2021(3):45-47.

[28] 蒋文伟,陶从喜,沈序辉,等.分级燃烧技术实现 NO_x 超低排放的应用实践[J].水泥,2021(2):56-60.

[29] 武晓萍,陶从喜,彭学平,等.水泥窑三次风分级燃烧脱硝应用技术[J].水泥,2016(3):49-51.

[30] 王鹏涛,王乃继,梁兴,等.气体燃料再燃脱硝机理及工程应用进展[J].洁净煤技术,2019,25(6):51-60.

[31] 田震,任瑞.烟气再循环在降低 NO_x 排放中实践应用[C]//2016 火电厂污染物净化与节能技术研讨会论文集.西安,2016:112-116.

[32] 施雪,吴江,卢平,等.静电除尘器对烟气汞脱除作用的实验研究[J].华东电力,2013,41(2):459-462.

[33] 安晓雪,苏胜,向军,等.燃煤烟气中 Hg 迁移转化特性研究[J].发电技术,2020,41(5):489-496.

[34] 王建英,贺克雕,马丽萍.燃煤烟气中单质汞的净化脱除[J].能源环境保护,2007,21(3):5-7.

[35] 谢新苹,蒋剑春,孙康,等.燃煤烟气除汞技术研究进展[J].生物质化学工程,2013,47(4):41-46.

[36] 周梦丽.锰铁矿石低温 SCR 脱硝及联合脱汞的实验研究[D].武汉:华中科技大学,2018.

[37] 王瑞山,彭红寒,周开敏,等.冶炼烟气制酸净化除汞工艺探讨[J].硫酸工业,2017(4):5-8.

[38] 张文博,李芳芹,吴江,等.电厂烟气汞脱除技术[J].化学进展,2017,29(12):1435-1445.

[39] 熊义期,李超,郭殿.冶炼烟气制酸装置污酸硫化氢法除砷生产实践[J].硫酸工业,2020(11):41-43.

[40] 仇稳. 燃煤烟气中砷脱除的实验研究[D]. 北京:华北电力大学(北京),2018.

[41] 赵毅,仇稳,杨丽娟,等. 高锰酸钾溶液脱除烟气中砷的实验研究[J]. 河南理工大学学报(自然科学版),2017,36(6):81-86.

[42] 施勇,王学谦,郭晓龙,等. 采用硫化铵去除冶炼烟气中的重金属[J]. 中国有色金属学报,2014,24(11):2900-2905.

[43] 王广廷,胡晓波,金伟. 工业烟气中铅、锌杂质的脱除技术浅析[J]. 科技风,2013(10):102.

[44] 赵娜,朱莉薇,尤翔宇. 富氧侧吹直接炼铅烟气特性及净化除尘[J]. 有色金属科学与工程,2018,9(5):61-65.

[45] 李建军,马晓文,郭家秀,等. 一种脱除烟气中重金属铅的工艺方法:CN109569224A[P]. 2019-04-05.

第6章　煅烧烟气资源化利用

6.1　煅烧烟气资源化利用现状

电解锰渣锻烧产生的烟气经余热锅炉、旋风收尘、电收尘后,由高温风机送入制酸系统的净化工段,煅烧烟气参数见表6.1。

表6.1　烟气参数(标准状态,干基,体积分数)

	SO_2	CO_2	CO	O_2	N_2	H_2O	合计
含量/%	9.07	17.09	0.00	3.03	70.81	0.00	100.00

注:SO_2波动范围为7.0%~9.07%;烟气温度为250~300 ℃;压力约为0 Pa;含尘约为50 mg/($N \cdot m^3$)。

电解锰渣煅烧后产生的烟气含有高浓度SO_2,如不加以利用和治理,会对周围大气造成较大的环境污染。因此,煅烧烟气必须实施烟气脱硫。在煅烧烟气脱硫的过程中,并对可再生资源进行有效利用,从而实现煅烧烟气资源化利用。

目前中国煅烧烟气无害化、资源化利用的方法有很多种,包括氨-酸法、氨法、石灰石-石膏法、离子液法、活性焦法等。石灰石-石膏法是当前火电烟气处理应用最广泛的一种烟气处理技术,但只使用石灰石-石膏湿法会产生大量副产物石膏。目前国内多数脱硫石膏未被综合利用,少量石膏可以作为水泥添加剂得到利用,大量石膏则不能有效利用,石膏的堆积反而造成了对环境的二次污染。氨-酸法和氨法是利用氨作为处理 SO_2 的吸收剂,但是氨的运输成本较高。活性焦法虽然可以达到资源化利用,但是该法不适用于高浓度 SO_2 的处理,而且活性焦生产厂家仅在山西和内蒙古的个别区域,目前的生产和面向国内供应能力有限、价格较高。离子液法对 SO_2 气体具有良好的吸收和解吸能力,可以制取98%浓硫酸,但是其脱硫技术成本较高,尽管国内已有少数装置,但其商业应用中存在设备腐蚀严重、能耗较高的问题。

本书主要介绍煅烧烟气制酸-尾气脱硫、锰矿脱硫制备金属锰两种煅烧烟气资源化工艺。

6.2 煅烧烟气制酸-尾气脱硫

电解锰渣煅烧烟气经净化工序后含量高达9.07%,烟气温度大约300 ℃,煅烧烟气制酸采用绝热蒸发、洗涤净化、两转两吸工艺,煅烧烟气经制酸工艺后,还有一定浓度的 SO_2 残留,因此尾气需进行脱硫工艺处理才能达到排放标准。制酸净化工段外排含硫酸铵的酸性废水,送往酸性废水处理站和废水深度处理工序。

6.2.1 烟气制酸

图6-1是某企业的烟气制酸系统,它主要有3个部分:烟气净化、干吸工段和转化工段。

1)烟气净化

烟气净化工段在第5章已有详细说明,在此仅作简略说明。

来自煅烧系统的高温烟气经收尘器去除颗粒物杂质,随后送至制酸系统净化工段的高效洗涤器。在高效洗涤器内,烟气与逆喷管向上喷射的稀硫酸逆流接触,烟气被冷却至绝热饱和状态。同时,大部分烟尘被循环酸液膜截留,进入循环液,进一步去除烟气中的尘和氟、氯、氨等杂质。在气液分离槽,循环液在重力作用下进入集液段,烟气经捕沫器后从高效洗涤器顶部出来进入气体冷却塔。在气体冷却塔,烟气与循环液在自由堆放的塑料填料层内充分接触,烟气被进一步冷却,部分水汽冷凝为液体,脱离烟气。出气体冷却塔的烟气依次经一级电除雾器、二级电除雾器除雾后进入干吸工段。

高效洗涤器和气体冷却塔等设备均采用耐稀硫酸腐蚀的玻璃钢(FRP)材质,电除雾器采用导电玻璃钢(C-FRP)材质,稀酸冷却器采用板式换热器,换热片材质为254SMO。烟气管道采用耐稀硫酸腐蚀的玻璃钢(FRP)材质,循环液管道采用耐稀硫酸腐蚀的玻璃钢或其他性能相当的材质。

净化工段产生的废水从高效洗涤器泵出口引出,通入硫酸进行酸解,将废水中的亚硫酸铵转化为硫酸铵,硫酸铵废液由泵送至酸性废水处理站进一步处理并回收氨,释放出的二氧化硫气体返回净化系统。

图 6-1 烟气制酸系统

2)干吸工段

(1)干吸工艺概述

烟气干燥的任务是将清除了的矿尘、砷、氟等有害杂质和酸雾的净化气体进行除水,使其中的水分含量达到一定的指标。水分在气体中以气态形式存在。浓硫酸是理想的气体干燥剂,将气体通过浓硫酸淋洒塔设备来实现干燥目的。

三氧化硫的吸收是接触法制造硫酸的最后一道工序,其任务是将转化工序送来的含三氧化硫气体,通过浓硫酸吸收,将三氧化硫吸收在浓硫酸中,从而制得成品酸。

烟气的干燥和三氧化硫的吸收尽管是硫酸生产中两个不相连贯的步骤。但是,由于这两个步骤都是使用浓硫酸作吸收剂,采用的设备和操作方法也基本相同,而且由于系统水平衡的需要,干燥和吸收之间进行必要的互相串酸,为便于生产管理将干燥和吸收过程归属于一个工序,简称干吸工序。

(2)干吸工艺路线

出净化工序的烟气进入干燥塔下部,自下而上流动,与自上而下喷淋的93%硫酸通过填料层充分接触,烟气中的水分被循环酸吸收,从而达到干燥的目的,出干燥塔填料层的烟气经丝网捕沫器后从干燥塔顶部出来进入 SO_2 风机。

来自Ⅲ换热器的烟气进入中间吸收塔的下部,与自上而下喷淋的98.5%硫酸通过填料层充分接触,烟气中的 SO_3 被循环酸吸收,出中间吸收塔填料层的烟气经纤维捕沫器后从中间吸收塔顶部出来进入Ⅳ换热器。来自Ⅳ换热器的烟气进入最终吸收塔的下部,与自上而下喷淋的98.5%硫酸通过填料层充分接触,烟气中的 SO_3 被循环酸吸收,出最终吸收塔填料层的烟气经纤维捕沫器后从最终吸收塔顶部出来进入尾气脱硫工序。

干燥塔、中间吸收塔、最终吸收塔的循环酸干燥塔—循环槽—循环泵—浓酸冷却器—塔进行循环,干吸循环酸泵槽之间通过液位、酸浓等参数实现自动串酸。产品98%酸由最终吸收酸冷却器后引出,经成品酸冷却器冷却后,送至地下槽。最后由地下槽泵送至成品中转站。

干燥吸收系统的串酸方式为:通过干燥酸循环槽液位的控制,93%酸由干燥酸循环泵出酸管串至吸收酸循环槽;干燥酸循环槽的93%酸浓是由中间酸循环泵出酸管串出98%酸至干燥酸循环槽来控制;产酸通过吸收酸循环槽液位的控制,自最终酸冷却器酸出口引出,再经成品酸冷却器冷却后,送往现有成品酸库储存。制酸系统也可产93%酸,此时在地下槽中加水,成品酸自地下槽泵出口引出,经成品酸冷却器冷却后,送往现有成品酸库储存。

（3）干燥的目的、原理、工艺条件和分酸装置

①干燥的目的:在转化操作条件下,烟气中的水蒸气虽然对钒催化剂无害,但水蒸气与转化后的 SO_3 接触过程中会形成酸雾。由于酸雾在吸收过程中很难被吸收,导致尾气烟囱冒白烟。且酸雾和水分综合作用,能造成干吸及转化工序中的设备和管道受到腐蚀,甚至使催化剂结块,导致催化剂活性下降,系统阻力增大等。因此,进入转化前的烟气必须进行干燥,除去其中的水分。生产实践证明,干燥后的烟气中的水分必须控制在 $0.1~g/m^3$（标况）以下。

②干燥的原理:浓硫酸具有强的吸水性,通常用来干燥制酸系统中的烟气。在一定温度下,硫酸溶液上的水蒸气分压随硫酸浓度增加而降低,同一温度下硫酸溶液浓度越高,其水蒸气平衡分压越小。当烟气中的水蒸气分压大于硫酸溶液上的水蒸气分压时,烟气即被干燥。即

● 相同浓度下,温度越高,则水蒸气分压越大;温度越低,则水蒸气分压越小。

● 相同温度下,浓度越高,则水蒸气分压越小;浓度越低,则水蒸气分压越大。

所以在生产中适宜提高硫酸的浓度和降低硫酸的温度,有利于烟气的干燥,但也得根据生产情况来进行调节,即冷却设备的局限性（如经济方面的原因等）。

③干燥的工艺条件:

● 喷淋酸的浓度,干燥用的喷淋酸浓度越高,硫酸溶液上的平衡水蒸气分压越小,有利于干燥。但硫酸浓度提高后,其溶液上三氧化硫分压也要增大,就更容易与烟气中的水蒸气形成酸雾,而且温度越高,生成的酸雾越多。另外,硫酸浓度越高,硫酸中溶解的二氧化硫也越多,随循环酸带出而损失的二氧化硫也越大（85% 硫酸, SO_2 溶解度最小）。因此,干燥用的硫酸不宜过高,一般以 93% ~95% 硫酸较为合适,过高则串酸量加大。93% 酸的结晶温度更低些,所

以常选择它为干燥酸,这也是为了满足工艺的需要。

•喷淋酸的温度,喷淋酸的温度提高,可以减少二氧化硫的溶解损失,但是硫酸溶液上水蒸气分压和硫酸蒸气分压均随之增高,增加了酸雾的含量,降低了干燥塔的效率,同时对设备管道的腐蚀会加剧。若喷淋酸温度降低,虽可减少酸雾的生成,但增加了二氧化硫的溶解损失,还会增加干燥酸的循环冷却负荷。在生产中,干燥酸温取决于冷却设备的能力和当地的气候条件,一般控制在 30 ~ 45 ℃。

•喷淋密度为了保证流体阻力和动力消耗不至于太大,同时也要根据该系统的可行性设计而定,一般的喷淋密度为 10 ~ 15 $m^3/(m^2 \cdot h)$,当然,还可以大些,可控制到 18 ~ 20 $m^3/(m^2 \cdot h)$。

•气体温度一般进气温度为 30 ℃左右。

④分酸装置:分酸装置有挂槽式分酸器、管槽式分酸器和管式分酸器 3 种。在选用时应考虑烟气的带沫情况,一般烟气带沫的主要原因都与分酸装置有关,主要有:

•分酸器设计不当。

•分酸器制造不符合设计要求。

•分酸器安装没有达到设计要求。

•生产过程中操作不当。

(4)三氧化硫 SO_3 的吸收

烟气中 SO_2 经催化氧化为 SO_3 后,用硫酸水溶液来吸收。在实际生产中是用循环硫酸来吸收 SO_3。在吸收过程中,吸收酸的浓度会逐渐增大,故需要用水或稀酸进行稀释,同时取出部分循环酸作为产品。

吸收反应式如下:

$$nSO_3 + H_2O \longrightarrow H_2SO_4 + (n-1)SO_3 + 89\ 247J \tag{6-1}$$

当 $n>1$ 时,生成发烟硫酸;当 $n=1$ 时,生成无水硫酸;当 $n<1$ 时,则生成含水硫酸。下面是 SO_3 吸收的一些工艺条件:

①吸收酸的浓度:用浓硫酸吸收三氧化硫时,吸收酸浓度应选择 98.3% 硫酸,可以使烟气中的三氧化硫被吸收得最完全。过低,则会容易生成大量酸雾,随尾气排入大气中,造成吸收不完全。过高会生成酸雾,排入大气,从烟囱中可以看到白色的酸雾。

②吸收酸的温度:为了避免吸收过程中酸雾的产生可以采用高温吸收工艺。用提高酸表面温度的方法,使塔底酸液表面上的硫酸蒸气压力与进塔烟气中的硫酸蒸气分压接近,从而使烟气中的硫酸蒸气能较缓慢地在酸液表面冷凝,避免在塔底部因硫酸蒸气过饱和度过大,产生空间冷凝而形成酸雾。高温吸收工艺有以下几个特点。

● 综合考虑了影响吸收温度的各种因素,提高了吸收过程的温度,从而避免了生成酸雾,有利于提高吸收率。为避免生成酸雾,要注意下列 3 点。

第一:尽量降低干燥后的气体含水量,从而有效地降低烟气的露点温度。

第二:提高吸收塔烟气进塔温度,使烟气进塔前不发生局部冷凝生成酸雾,并为塔内的吸收温度保持在露点以上创造条件。

第三:提高进塔酸温(70 ~ 80 ℃)。保证进出塔酸温都在露点之上,这样可以避免生成酸雾。

高温吸收工艺,就是巧妙地利用 98.3% 的硫酸在 100 ℃ 左右时,液面上的 SO_3 分压和水蒸气分压接近于零的特性,以及酸雾生成条件的可控性,改变两相温度的控制范围,提高吸收温度,避免酸雾产生,从而能够获得与普通吸收过程相当的吸收效率。

● 转化后的烟气以较高温度进入吸收塔,可以省掉三氧化硫冷却器,从而简化工艺流程并相应地降低能耗。同时该热量放在吸收岗位除去要比在转化岗位节省换热面积。

● 出塔酸温较高,为 90 ~ 110 ℃,由此增加了传热温差,故相对而言可适当减少浓酸冷却器的换热面积,并为低温余热的利用创造条件。

● 提高进塔气温和吸收酸温有利于解决两次转化的热平衡问题。

因此,随着两次转化技术的发展,高温吸收工艺已逐步被采用,尤其对中间吸收塔最为有利。

(5)循环酸量

为了较完全地吸收三氧化硫,必须有足够数量的循环酸做吸收剂。数量过多、过少都是不适宜的。

①若酸量不足,在吸收过程中,酸的浓度、温度增长幅度就会较大,当超过规定指标后吸收率下降。

②由于循环酸量不足,填料表面不能充分润湿,传质状况会显著恶化。

③循环酸量过多同样对提高吸收率无益,而且还会增加流体阻力,增大动力消耗,从而造成液泛现象,所以要控制适量的循环酸量。

(6)气流速度

所谓气流速度,是指在单位时间内,气体通过塔截面的速度,单位为 m/s,又称为空塔气速,也称操作气速。气流速度由所选用的填料性能决定,一般为 0.8~1.4 m/s。在正常的生产条件下,不要超过规定的操作气速范围。若是超过了,除引起夹带雾沫、增大动力消耗外,还会造成吸收率下降,严重时会产生液泛现象,造成气体大量带液。当然,气流速度也不能过低,过低会使吸收率下降。因此,在正常生产中要控制好气流速度,使其控制在规定的速度范围之内。

(7)干燥和吸收的工艺流程以及主要设备

①工艺流程:一般来说,干燥和吸收的工艺流程比较简单,主要有下列几种流程:

• "塔、槽、泵、冷"方式:冷却器置于酸泵后面,循环酸经加压在冷却器内的流速较大,有利于传热。但冷却器管内压力较大,则易因泄漏而向外喷酸。酸泵输送冷却前的热酸,腐蚀会加剧,泵的输送效率也会降低。

• "塔、冷、槽、泵"方式:冷却器在循环槽前面,冷却器管内酸的流速较小,不易因泄漏而喷酸,比较安全,但也会因酸的流速小而影响传热效果;循环酸由吸收塔流至循环槽,需要克服流经冷却器的阻力,故吸收塔的安装位置要高些。

●"塔、槽、冷、泵"方式：冷却器放在酸泵前面，酸在冷却器管内一方面靠位差流动，另一方面由泵来抽吸，故管内压力较小，比较安全。酸的流速也较快，传热效果较好。

②主要设备。

●干燥吸收塔（干吸塔）：干吸塔一般采用填料塔，其结构相同，塔体为钢壳圆筒，塔壁内衬石棉板，再砌耐酸瓷砖衬里。塔的下部有用以支承填料层的支承结构。塔的底部多为平底，也有用球形底的。塔的上部为挂槽式或管式分酸装置。为了减少出塔气体的带雾沫量，顶部设有除雾沫装置。一般干吸塔结构示意图如图 6-2 所示。

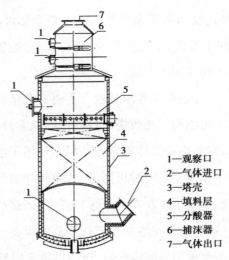

1—观察口
2—气体进口
3—塔壳
4—填料层
5—分酸器
6—捕沫器
7—气体出口

图 6-2　干燥吸收塔结构示意图

●酸冷却器：酸冷却器有排管冷却器和阳极保护管壳式酸冷却器，还有板式酸冷却器。

排管冷却器（淋洒式冷却器）：结构简单，由铸铁排管组成。其建设费用低，对冷却水的水质无特殊要求，但是使用寿命短，可靠性差，传热系数低，需要的换热面积大，占地面积大，操作环境恶劣。还有就是当管件质量差时，检修过于频繁。一旦漏酸，容易腐蚀混凝土地面。

阳极保护管壳式酸冷却器：其采用固定管壳式结构，壳程走酸，管程走水，冷却介质采用工业循环冷却水。此设备具有结构紧凑，占地面积小，不易发生泄漏，运行可靠，维修量小等特点。其一次投资接近于铸铁排管冷却器，但具有使用寿命长，操作方便，还可以回收低温位热能等优点。现在很多厂家都采用了带阳极保护的酸冷却器。阳极保护防腐原理是当被保护的金属设备通以阳极电流时，在金属表面形成一层高阻抗的钝化膜，从而阻止了金属的进一步被腐蚀。其结构由管壳、主阴极、控制系统等组成。

板式酸冷却器：转化工段采用了4段"3+1"两次转化，Ⅲ、Ⅰ～Ⅳ、Ⅱ换热流程。板式酸冷却器的传热系数高，可达到 $2\ 000 \sim 3\ 000\ W \cdot m^{-2} \cdot K^{-1}$。

• 酸泵：酸泵有卧式泵和液下泵两种。液下泵泵体浸没在酸内，故操作无泄漏，泵安装在酸槽的上盖上，不占用地面，操作安全，配管简化。所以现在硫酸厂的干吸工序基本上都采用液下泵。

除了以上设备外，另外还有除雾沫装置。主要有纤维除雾器和金属丝网除沫器。纤维除雾器除了可以用于吸收塔出口气体的除雾外，也可以用于硫黄制酸装置的空气干燥塔，对其出口气体除雾沫。但不能用于冶金型装置干燥塔气体的除雾沫。金属丝网除沫器是一种压降低、效率较高的气液分离设备。其捕集效率达98%～100%（对5 μm左右的液沫）而气体通过除沫器的压力降却很小（250～500 Pa）。一般用于干燥塔的顶部作为捕沫设备。所以一些企业的设计流程通常是干燥塔顶部采用丝网除沫器，吸收塔顶采用纤维除雾器。

（8）干吸工序操作控制

①循环酸浓度的控制：控制循环酸的浓度是为了获得较高的干燥效率和吸收效率、保证成品酸的质量以及防止因酸浓度波动而引起的对设备的强烈腐蚀。而影响循环酸浓度的因素有以下几点：

• 转化气中的 SO_3 浓度：在一定的风量下，它是影响酸浓度的主要因素。当 SO_3 浓度高时，则吸收酸的浓度就高，反之则越低。所以在操作时，应尽量控制 SO_3 浓度在某一范围内，且要求稳定。

● 串酸量:在其他条件稳定的前提下,串酸量也会引起酸浓度的变化,因而要保持相对稳定的串酸量。

● 加水量:当加水量过多时,会引起酸浓度的变化。应根据酸浓度的高低来断定是否需要加水,而不是用加水来衡量酸浓度的高低。

②循环酸量的控制:在生产中,要严格控制循环酸量,为了保证达到较高的干燥和吸收效率。一般的控制为:

● 按规定控制好各循环槽的液面高度。

● 尽量减少串酸量。

● 按规定检查各循环泵电机的运行电流。

③酸温的控制:酸温的控制主要是通过调节冷却水量、水温和冷却设备的效能来调节实现,还有就是循环酸量和系统负荷的调节。主要问题有:

● 加水量不足:可联系水源供水及提高水压调节。若长时间断水并已影响到正常操作时,要进行紧急停车。

● 串酸量不当:应兼顾酸浓度变化,合理调整有关串酸量。

● 系统负荷变大:98％酸加水(或 93％酸串入量)调节不及时,适当增大98％酸加水量或加大 93％酸串入量。

3)转化工段

(1)转化工序的原理、目的

①转化工序的原理:其原理是把烟气中的 SO_2 氧化为 SO_3 的一个可逆氧化反应的过程,即:

$$2SO_2 + O_2 \Longleftrightarrow 2SO_3 + Q \tag{6-2}$$

从此反应式可以看出,这个过程是一个可逆放热、物质的量减少的反应过程。这个反应要借助于催化剂(钒触媒)作用并在一定的温度条件下才能使 SO_2 很好地被氧化为 SO_3,在一般的条件下这个反应的速度很慢,甚至在高温下也是很慢的。这是因为气相均相反应的活化能很高的缘故。

②转化工序的目的:把烟气中的 SO_2 尽可能地氧化为 SO_3(在系统允许的情

况下），以备吸收工序吸收。

（2）转化工艺流程

在第一触媒床层，烟气中的大部分 SO_2 转化成 SO_3，该反应为放热反应，可使烟气温度升高。出第一触媒床层的高温烟气经 I 换热器冷却后，进入转化器第二触媒床层。在第二触媒床层，烟气中的 SO_2 进一步转化成 SO_3，烟气温度升高。出第二触媒床层的高温烟气经 II 换热器冷却后，进入转化器第三触媒床层。在第三触媒床层，烟气中的 SO_2 进一步转化成 SO_3，烟气温度升高。出第三触媒床层的高温烟气经 III 换热器冷却后，进入中间吸收塔。来自中间吸收塔的烟气依次经 IV 换热器、II 换热器，被从第四触媒床层和第二触媒床层出来的高温烟气加热后进入转化器第四触媒床层。在第四触媒床层，烟气中的 SO_2 几乎完全转化成 SO_3，该反应为放热反应，使烟气温度升高。出第四触媒床层的高温烟气经 IV 换热器冷却后，进入最终吸收塔。转化器各触媒床层的入口温度可通过副线调节。转化工段开工采用电加热炉升温，转化器一、四层烟气入口分别设置了电加热炉。

（3）转化工序的设备

转化工序的主要设备有转化器、换热器、鼓风机和加热炉等4大主要设备。

①转化器：目前采用较多的转化器类型大体有外部换热型转化器、内部换热型转化器、卧式内部换热型转化器，径向转化器四大类型。但无论采用哪种类型的转化器，都必须充分考虑以下5个因素：

第一：转化器设计应使 SO_2 转化反应尽可能地在接近于适宜温度条件下进行，单位硫酸产量需用触媒量要少，一段出口温度不超过 600 ℃。

第二：转化器生产能力要大，单台转化器能力要与全系统能力配套，或使用多台转化器。

第三：靠 SO_2 反应放出的热量，应能维持正常操作，不要从外部补充加热，即要求达到"自热"平衡。

第四：设备阻力要小，并能使气体分布均匀，以减少动力消耗。

　　第五:设备结构应便于制造、安装、检修和操作,要力求简单,使用寿命要长,投资要少。转化器的结构:一般都是由气体分布器、壳体、触媒、隔板、入孔、气体进出口接口、篦子板等组成,如图 6-3 所示。

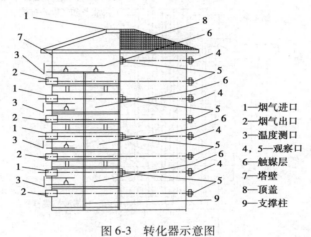

1—烟气进口
2—烟气出口
3—温度测口
4,5—观察口
6—触媒层
7—塔壁
8—顶盖
9—支撑柱

图 6-3　转化器示意图

　　②换热器:用于二氧化硫转化工序的预热器、换热器、三氧化硫冷却器等换热设备,有空心环管式、列管式、套管式、U 形管式、排管式、盘管式及板式等形式,用得最普遍的是列管式。

　　气体在列管式换热器的走向为,一般热气流从上向下,冷气流从下向上流动。也就是说在一般情况下,SO_3 气体走管程自上而下,SO_2 气体走壳程自下而上。

　　空心环管式换热器是近几年来发展得较快的一种换热器。其折流板上与管子之间留有一些小孔,使气体通过换热器时允许大约 20% 的气体通过这些小孔。折流板在管子按正三角形排列的中心,开有一定直径的泄流孔,使气体通过时部分气体通过此泄流孔。即增加了换热效率和降低了系统的压力,使冷热气体热量互换效率大大增加。这有利于转化工序的正常操作。与常规换热器相比,此换热器的换热效率高、压力降低,有利于烟气转化的自热平衡。换热器的一般结构主要由外壳、膨胀节、列管、上花板、下花板、拆流板、入孔等组成。图 6-4 所示是空心环管换热器结构示意图。

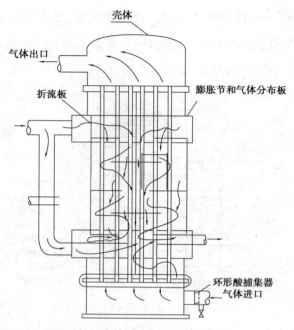

图 6-4   空心环管换热器结构示意图

③鼓风机:鼓风机主要有离心式鼓风机和罗茨式鼓风机两种类型。

• 离心式鼓风机:此种类型鼓风机主要是利用在机壳内高速旋转的叶轮所产生的离心力作用,将气体甩向叶轮外圆周。受压缩排出,中心形成负压,将气体不断吸入叶轮。结构,离心式鼓风机尽管型号不一,但结构大体差别不大。主要区别在轴承和进气口上,有单边轴承单边进气的,也有双边轴承双边进气的。但用得最多的还是单边轴承单边进气的。其主要结构是由放液孔、下机壳、回气管、气体入口、并帽、进口密封圈、叶轮、上机壳、加油杯、轴颈密封圈、副叶轮、前瓦密封圈、前瓦、轴上盖、吸收孔、主轴、后瓦、主动齿轮、靠背轮、主油泵、从动齿轮、地基、油箱、温度计等组成。

• 罗茨式鼓风机:其结构由外壳、转子、轴、机座等构成。其优、缺点如下:

罗茨式鼓风机优点:构造简单;送气量稳定,不因系统阻力而改变;出口压力高,可在 4 MPa 下运行;制造和维修费用低。

罗茨式鼓风机的缺点:转子与机壳之间的间隙容易增大,效率比较低,一般只有 0.6～0.7；主要缺点是鼓风量较小，使用范围受限制，所有一般只用于中小型硫酸厂。

（4）触媒床层催化剂（钒触媒）

由于现在大多是使用钒触媒，所以在此主要介绍钒触媒。钒触媒的一些性质、组成、活性温度范围以及杂质的影响如下所述。

①组成：钒触媒由活性组分催化剂（五氧化二钒）、辅助成分（钾、钠、铝、铁等的化合物）及载体（多数是硅藻土）等组成。一般的成分组成为 V_2O_5：6%～8%；KO：9%～13%；Na_2O：1%～5%；SO_3：10%～20%；SiO_2：50%～70%。

②特征：颜色一般为棕黄色，形状有环形、圆柱形、球形。堆积密度一般为 0.55～0.7 tm^{-1}。

③钒触媒的种类和型号：

● 中温触媒：这是一种适宜于二氧化硫在转化器的各个阶段和各种气体条件的钒触媒。我国钒触媒的型号，主要是以 S_{101}、S_{102} 为主。

● 低温触媒：其型号在国内主要有 S_{107}、S_{107}-Ⅲ，S_{108} 等几个型号，另外还有 S_{105}。

● 腾床触媒：此类触媒要求粒径小而耐磨。

④起燃温度和操作温度：

● 中温触媒的操作温度为 425～600 ℃，起燃温度为 400～420 ℃。

● 低温触媒的操作温度为 400～550 ℃，起燃温度为 380～390 ℃。

⑤触媒的表面积和孔隙率：触媒的表面积包括两部分，一部分是肉眼看得见的颗粒的外表面积，一部分是触媒内部微孔道的壁面（又称毛细管、管壁），两者总称为内表面。触媒孔隙率是指触媒内部的微孔体积占一颗触媒体积的百分数。触媒的催化作用主要是反应分子进入微孔内部在内表面上进行的。触媒的微孔径越小，内表面就越大，气体分子在触媒表面上反应的机会就越多，反应就越快。所以说比表面越大，触媒的活性越高。

⑥触媒的活性温度范围：是指触媒的活性能得到发挥的温度范围。也就是

生产中要控制的触媒层温度范围。在生产中,通常是要求起燃温度低一些好,主要好处有以下3点:

第一:起燃温度低,气体进入触媒层前预热的温度较低,从而节省了换热面积,缩短了开车升温的时间。

第二:起燃温度低,说明触媒在低温下仍有较好的活性,这样可以使反应的末尾阶段能在较低温度下进行,有利于提高后段反应的平衡转化率,从而可以提高实际的总转化率(又称最终转化率)。

第三:起燃温度低,说明触媒活性好,可以提高触媒利用率,即触媒用量少,而酸产量高。

在高温下,钒触媒催化活性下降的原因,一般有3种:

第一:在高温下,触媒中的五氧化二钒和硫酸钾形成了一种比较稳定的、无催化活性的氧钒基-钒酸盐。其分子式有:

$$4V_2O_5 \cdot V_2O_4 \cdot K_2O \text{、} 4V_2O_5 \cdot V_2O_4 \cdot 2K_2O \text{、} 5V_2O_5 \cdot V_2O_4 \cdot K_2O$$

第二:在600 ℃以上的高温作用下,触媒中的钾和二氧化硅结合,随着活性物质中钾含量的减少,使五氧化二钒从熔融物中析出,造成催化活性下降。

第三:在600 ℃下,V_2O_5和载体SiO_2之间会慢慢发生固相反应,使部分V_2O_5变成了没有活性的硅酸盐。

⑦杂质对触媒的影响:矿尘、三氧化二砷、氟和水蒸气等杂质均会影响触媒的活性。

• 矿尘:矿尘主要是脉石和三氧化二铁,进入转化器后,一部分直接遮蔽触媒表面,使触媒活性降低,增加进入触媒微孔的阻力和触媒层阻力。另一部分与硫酸蒸气结合迅速地变为硫酸盐,在触媒表面结皮或把触媒黏结成块,最后导致气体分布不均,阻力过大,鼓风机打气量下降,产量降低,直到阻力大到不能生产而被迫停车筛分触媒。

• 三氧化二砷造成触媒中毒的情况有两种。

第一种情况:砷化合物覆盖在触媒表面,堵塞触媒的毛细管,使触媒活性下

降。三氧化二砷进入转化器被触媒吸附,并氧化成五氧化二砷,反应为:

$$As_2O_3 + O_2 \longrightarrow As_2O_5 \tag{6-3}$$

第二种情况:砷化合物与钒触媒的主要活性组分五氧化二钒起反应,生成砷钒化合物 $V_2O_5 \cdot As_2O_5$,随着气流逸出,逐渐使触媒的五氧化二钒减少而丧失活性并使触媒变为白色疏松状。其反应为:

$$As_2O_3 + O_2 + V_2O_5 \longrightarrow V_2O_5 \cdot As_2O_5 \tag{6-4}$$

● 氟对触媒的影响有两方面。

氟化氢能破坏触媒的载体(主要是二氧化硅),生成四氟化硅,而使触媒粉化,活性下降,阻力上升。其反应如下:

$$4HF + SiO_2 \longrightarrow SiF_4 + 2H_2O \tag{6-5}$$

进气中如含有四氟化硅,再加上氟化氢与二氧化硅作用生成的四氟化硅,在水蒸气存在下,反应生成二氧化硅会覆盖在触媒表面上,使触媒活性降低,转化率下降,阻力上升。其反应如下:

$$SiF_4 + (x+2)H_2O \longrightarrow SiO_2 \cdot xH_2O \downarrow + 4HF \tag{6-6}$$

● 水蒸气、水分在转化器内全部成为硫酸蒸气。一般而言,当温度高于硫酸蒸气冷凝温度(即露点温度)时,水蒸气对钒触媒不起毒害作用。实际上,硫酸蒸气在触媒的微孔里,它会在比正常露点高的温度下冷凝下来,把触媒里的活性组分溶解出来,而使活性下降,这种现象在转化温度低于 400 ℃时可能出现。另一个不可忽视的现象,是水与 SO_3 结合生成的硫酸蒸气,在转化系统中的低温处冷凝下来时,会腐蚀那里的钢材。因此,对烟气净化时应尽可能地把以上杂质清除干净,以防这些杂质在生产中对转化触媒造成危害。

(5)转化的操作调节

根据 SO_2 氧化的平衡、反应速度、催化剂的特性,以经济效益为目标来决定转化工序的操作条件。主要内容有 3 个:转化反应过程的温度;转化反应的进气浓度;转化器的通气量。

①转化反应过程的温度:选择转化操作的温度,应符合以下 3 个要求。

第一:温度必须控制在催化剂活性温度范围以内,如 S_{101} 催化剂为 420 ～ 600 ℃。

第二:能获得较高的转化率。

第三:在较快的反应速度下进行反应,尽量减少催化剂用量或在一定量催化剂的条件下获得最大的生产能力。

②转化反应的进气浓度:当产量一定时,进入转化器的二氧化硫浓度变化会引起转化温度、转化率分布和催化剂用量等的变化。

进气中 SO_2 浓度与床层温度的关系。SO_2 进气浓度与床层温度的关系如下:

$$T = T_0 + \lambda (x - x_0) \tag{6.1}$$

$$\lambda = n_0 \alpha \frac{-\Delta H_R}{n_t} C_{pm} \tag{6.2}$$

$$n_t = n_0 (1 - \alpha x / 2) \tag{6.3}$$

式中　λ——绝热温升,℃ ;

　　n_0——气体混合物的起始摩尔流量,kmol/h;

　　n_t——转化率为 x 时,气体混合物的摩尔流量,kmol/h;

　　α——气体混合物的起始 SO_2 浓度,mol 分率;

　　x——SO_2 转化率,分率;

　　$-\Delta H_R$——温度为 T_0 时,二氧化硫氧化反应热,kJ/mol;

C_{pm}——转化率为 x 时,气体混合物从 T_0 到 T 的平均摩尔热容,kJ/(mol · K)。此式表示,对一定的转化率升值,转化反应温升与进气 SO_2 浓度成正比。当采用较高的进气浓度操作时,反应温升大,第一段转化率应相应降低,以使一段出口温度接近而不超过催化剂的耐热温度 600 ℃。当采用较低的进气浓度时,会使转化器催化剂层的总温升降低,并使整个转化系统的温度偏低,对于两转两吸流程而言,造成预热反应气体所需的换热面积大大增加。进气浓度过低还会使转化系统的热平衡难以维持。进气中的二氧化硫浓度与转化率、催化剂用量以及生产能力的关系如下：

· 进气中的二氧化硫浓度与转化率的关系：进气中二氧化硫含量和氧含量有一定的关系，即转化器进气中 SO_2 含量越高，则氧含量就越低，O_2/SO_2 比值越低。从平衡角度考虑，二氧化硫浓度低，氧浓度高，有较高的平衡转化率；从反应速度考虑，氧浓度越高，反应速度越快，也越能达到较高的转化率。

工业上希望提高进气中的氧含量，增大 O_2/SO_2 比值，以获得较高的转化率。如在气体净化工序之后，干燥塔之前补充适量空气，使二氧化硫浓度低一些，提高氧含量；转化器的各段间或某二段间直接引入冷干燥空气降低温度，俗称空气冷激。有色金属冶炼工业采用富氧空气冶炼，以提高烟气中的氧含量。

· 进气中的二氧化硫浓度与催化剂用量的关系：在用空气焙烧含硫原料时，随着二氧化硫浓度的增加，氧浓度相应地下降，这会使转化器中的反应速度下降，达到一定转化率时，所需的催化剂用量将增加。由此，可知进转化器中气体含 SO_2 浓度越高则所用的催化剂量就越多，这样才能提高最终转化率。反之，则相对减少。

· 进气中的二氧化硫浓度与生产能力的关系：当进入转化系统的气量一定时，提高进气 SO_2 浓度，可以提高转化器的生产能力，但由于 SO_2 浓度的提高，会使 O_2 浓度下降，使反应速度下降，并且增加生产能力后，单位催化剂的反应负荷增加了，如果催化剂的数量不变，将使转化率下降。这样不仅会对环境造成污染，而且也会影响设备的生产能力。

③ 转化器的通气量：进入转化器气量的多少，直接影响转化温度、转化率的变化，决定硫酸的产量和系统的操作状况，是转化器重要的操作条件之一。

· 硫酸产量与通气的关系：硫酸产量越大，需要通气量就越大，可按（6.4）进行计算：

$$V_N = G/98 \times 21.89 \times 1/x_T \times 1/\eta_a \times 1/C_{SO2} \qquad (6.4)$$

式中　　V_N——气量，Nm^3/h；

　　　　G——硫酸产量，kg/h；

x_T——最终转化率,分率;

η_a———吸收率,分率;

C_{SO2}——转化器进口 SO_2,摩尔分数。

• 转化床层阻力与通气量的关系,可按(6.5)进行计算:

$$\Delta P=6\,620\mu_0^{1.7}\rho^{0.7}h \tag{6.5}$$

式中　ΔP——催化剂床层阻力,Pa;

μ_0———气体表观流速,m/s;

ρ——气体密度(一般为 0.49 ~ 0.57),kg/m;

h——催化剂床层高度,m。

催化剂床层阻力随床内气体流速的增加(即通气量加大)而增加。对于新装填的催化剂,气体阻力较低,可以有较大的通气量。但随着生产中催化剂阻力的慢慢增加,通气量会逐渐减少,直到大修时过筛催化剂。

• 转化系统热平衡与通气量的关系:对确定的转化系统,换热面积、保温已确定,在一定的二氧化硫浓度下,随通气量加大,反应热增多,而换热量不能成比例地增加,当旁路阀全关,而后面数段进口温度还降不下来时,转化率则有所降低,这时转化系统的热负荷量已达到了最大限度,就称该情况下的通气量为热平衡所限制的最大通气量。如果再加大通气量,一段进口温度必将低于规定的最低操作指标。这也就是说转化系统的最大通气量取决于转化系统的最大热负荷。

反之,当通气量减少时,反应热减小,换热的负荷量减小(需开大旁路阀调节),同时设备管道外壁散热使温度下降的影响增大,使温度下降过多,转化后二段温度已几乎低到催化剂的起燃温度。这种情况下的通气量称为最小通气量。如果再减少通气量就会使整个系统"熄火"。

通常操作是在上述两种情况之间,旁路阀开一部分,转化器各段进口温度都维持在最佳范围内,转化率达到规定指标。这时的通气量称为适宜的通气量。

●转化率与通气量的关系：单位催化剂在单位时间内反应的物质量只与温度、压力、组分浓度（在反应过程中是变化的）相关。在进气 SO_2 浓度、催化剂数量一定的情况下，增加通气量也就是增加了 SO_2 的进入量，减少了气-固反应时间。而转化的 SO_2 增加得不足以达到变化前的转化率，会使转化率相应下降。这可由增加通气量前、后反应速度的变化来解释。增加通气量后，反应开始速度并未变化（因为进气浓度不变），由于通气量的增加，在生成 SO_3 速度不变的情况下，SO_2/SO_3 比率增加了，即转化率有所下降。这个转化率的下降在反应后期对反应速度的增加起到了明显作用。所以增加通气量后虽然生产能力有所增加，但转化率确实下降了。同样，减少通气可使转化率有所提高，但带来的是生产能力的下降。

（6）转化操作

①转化反应温度的调节：调节转化各段进口温度，是二氧化硫转化操作的中心环节。调节转化各段进口温度的原则方法是：

●转化温度和气体中二氧化硫浓度有关，调节时必须从全系统考虑。

●掌握全系统变化规律，弄清全系统和本工序的变化趋势。

●转化各段温度是相关联的，各旁路阀门的作用虽各有不同，但作用起来却绝不只是影响某一段的进口温度，往往同时影响两段或更多段的温度。

●在调节温度的过程中，一次动作调节的幅度不要过大，应力求避免温度的急升急降，防止转化率和触媒寿命的降低。

●各段进口温度的调节，是用各换热器副线阀门的开关来进行的（使部分冷气或较冷的气体不经过某换热器或某几个换热器的方法）。

●若已将各旁路阀门全开或已适当开大，转化温度仍高于指标规定范围，这时应考虑降低二氧化硫浓度和适当减小气量，也可在降低二氧化硫浓度的情况下加大气量。

●若已将各旁路阀门全关了温度仍在继续下降，这时应考虑提高二氧化硫浓度或适当减小气量。当气量减小到一定程度后温度还不能维持时，这时应从外部补充热量(如开用预热器或电加热炉等)。

● 调节温度,首先要确保一、二段温度的平稳。

● 每次调节后,一定要等待看出变化结果后再进行下次动作。

● 各段温度指标不是一成不变的,它随着系统能力、进气浓度、净化指标及触媒的新旧和使用时间等因素的变化而变化。

● 在一定通气量下,转化温度的变动,是由于进气二氧化硫浓度的波动所致。

②转化器气量的调节:转化器气量的大小主要是由鼓风机进口阀门或回流阀门来控制的。调节要点有:

● 在正常情况下,应按照全硫酸系统中能力最小的设备所允许的最大的通气量来尽量加大气量。

● 开大或关小鼓风机时均应缓慢进行。

● 为均衡生产,应尽量控制通气量不变。

● 当二氧化硫浓度低、转化器一段出口温度降低,后段温度下降时,应减少通气量。这种做法一是为了提高二氧化硫浓度;二是为了减少热损失建立新的热平衡或减慢温度的下降速度,如二氧化硫浓度过低,一时提不起来,应立即停止鼓风。

● 如果二氧化硫浓度不低,而转化器末段或后两段温度低,不能进行反应,换热器旁路阀门不能开或开得很小,说明转化系统热负荷小,不能维持正常情况下的平衡,这时应适当加大气量、增大系统的热负荷,即可把转化器后段的温度提起来,换热器的旁路阀门即可逐步打开和开大。

● 如果转化器各段温度偏高,转化率较低,各旁路阀门已全部开足,说明转化系统热负荷过大。

● 调节各换热器旁路阀门和各冷激阀门时,因阻力发生变化,要改变气量,此时若要保持进转化器的气量不变,应相应地调节鼓风机的阀门。

③进气二氧化硫浓度的控制:在一般情况下,生产主要是根据以下 3 点来

控制二氧化硫浓度：

　　● 根据已确定的指标范围。

　　● 开车、停车和转化温度不正常时，需联系把二氧化硫浓度临时控制在某一个范围内来适应转化温度的需要。

　　● 根据系统安全生产的需要，把二氧化硫的上限严格控制在"极限值"以下，下限控制在"最低值"以上。

　　(7) 转化岗位的开车

　　不同的情况下，转化岗位的开车方法不同，操作关键和注意事项也不相同，以下对使用新／旧触媒开车以及短期停车保温后开车进行简单阐述。

　　① 使用新触媒开车。

　　● 打开电加热炉。

　　● 在通知干燥塔 93% 酸已开泵循环正常后，并在确知干燥前面的设备已打开一个人孔，即可通知供电部门和电工检查电气设备，绝缘合格就可按步骤启动鼓风机。

　　● 当鼓风机启动正常后，开鼓风机进口阀，由干燥塔抽空气经换热器送电加热炉加热后，通入转化器，用以升高触媒层温度。

　　● 当一段触媒入口温度达到 400 ℃，四段温度达到 330 ℃以上时，即可通知沸腾炉、净化、吸收等岗位做好通气准备工作。

　　● 通入烟气后，一段触媒层出口温度迅速升高，如升到 570 ℃时还有继续猛升的趋势，这时应立即把二氧化硫浓度降低，或立即停抽二氧化硫气体，防止一段触媒层温度超过 620 ℃。

　　● 当一段出口温度已稳定在 500 ℃以下时，可少量打开入冷热交换器的进口阀，使部分烟气开始走主线进入转化器。

　　● 当二段触媒已进行反应，出口温度达到 450 ℃以上时，即可在保证一段入口温度不降低的情况下，逐步增大主线走气量。随着主线走气量的增大，反应热量的增加，要逐步减少电加热炉的通气量和降低电加热炉的出口温度。

●当二段出口温度升高到 500 ℃ 以上时,要关小第三换热的旁路阀,使走主线的烟气开始经第三换热器的管间,把二段进口温度调节在指标范围之内。以后各段均随着反应温度的升高,而逐段逐步地应用其相应的换热器,把各段进口温度调节在规定的指标之内。

●当通气量已开大到正常生产所需要的程度、各层温度已能维持正常时,逐步减少电加热炉的功率,直至停炉。

●进一步调节转化器各旁路阀、调节二氧化硫浓度,使转化器各层温度控制在规定的指标范围内,转入正常生产。

②使用旧触媒时的开车:使用旧触媒的开车方法,和使用新触媒的开车方法主要不同点是无硫化饱和阶段,确切地说硫化饱和阶段不如新触媒那样明显。故在升温操作上可不考虑先通入低浓度的二氧化硫气体,而是直接通入高浓度二氧化硫气体来升温,一般情况下一段触媒层出口温度不会猛升超过 620 ℃ 的。如有可能超过 620 ℃ 时,可把烟气停一下,待 5 ~ 10 min 后再继续通入二氧化硫气体升温即可。其余升温操作步骤和新触媒的开车方法相同。

③短期停车保温后开车:转化器停车保温时间较短,不超过 4 h,在开车时一般开一次即可正常,不需采取什么措施。保温情况不好,停车时间又较长,开车时需注意如下几点:

●首先要把各换热器的旁路阀门和各冷激阀门全部关死,保证开车时各换热器、各触媒层储存的热量得到充分利用,使一段或前面几段的进口温度高于触媒的起燃温度。

●开车时要根据各触媒层、各换热器的温度状况选择合适的气量。

●开车过程中要特别注意进气中二氧化硫浓度不能低,也不能高,使其保持在一定的浓度之内。

●在开车时增大气量不能操之过急,一定要待增大气量的条件成熟时再适时地开大气量,还要注意每次不能开得过大,要视温度情况逐步加大气量,这样可使转化迅速地恢复正常。

● 如停车时间长,要用加热炉帮助开车,开车时分两路走气,一路经预热器进转化器,一路经各换热器的主线进转化器。但要掌握好两路的进气量。

(8)转化岗位的停车

转化器停车分为短期停车和长期停车。短期停车是经一段时间保持温度后,不用加热炉能再开车;长期停车是触媒层需降温、开车时需用加热炉升温。

①转化器短期停车:

● 根据停车时间的长短,停车前 2 ~ 6 h 要酌情提高转化器温度。首先要着眼提高整个转化器和后段触媒层的温度。其次,在接近停车前要集中提高一段触媒层的温度,提高的限值以一段出口温度不能超过 620 ℃ 为限。如停车时间只有 1 ~ 2 h,停车前可不必提高转化器温度,或略微提高转化器一段进口温度即可。需要注意的事项有:

● 停下鼓风机后,要立即关死鼓风机的进、出口阀门和各换热器的旁路阀门,防止转化器温度下降过快。

● 停车保温后再开车时,要特别注意当时的温度情况,根据温度情况决定是否需用加热炉、气量开多大、二氧化硫浓度需要多高等,严防气量过大和二氧化硫浓度低,而使转化器温度急剧下降。需外加热源时,应启动加热炉,绝不能因怕麻烦而不用加热炉,避免在开车操作中因贪图省事而使转化器温度下降过快。

②转化器长期停车:转化器长期停车,操作的关键是如何把触媒中的三氧化硫、二氧化硫吹净,使触媒颜色不发黑和少受其害。其次,要注意温度降低不能过快,要逐步下降,防止触媒碎裂、粉化和设备焊口开裂等。注意事项有:

● 为了能够维持在较长时间的高温状况下把三氧化硫、二氧化硫吹净,停车前要尽可能地提高转化器各段触媒层温度。

● 停车前打开加热电炉,在停车后控制加热电炉出口热风温度大于 440 ℃,吹入转化器一段触媒层,依次通过各层触媒,把残存在触媒中的三氧化硫、二氧化硫吹净。

6.2.2 尾气脱硫

在生产过程中,硫污染现象十分严重。目前,许多工厂都有一定的脱硫措施,对缓解硫污染起到了很好的作用。目前烟气脱硫技术种类达几十种,按脱硫过程是否加水和脱硫产物的干湿形态,烟气脱硫分为湿法、半干法、干法三大类。

1)湿法烟气脱硫技术

湿法烟气脱硫技术(WFGD)是烟气脱硫技术中最为成熟的一种,占脱硫总装机容量的83.02%,在湿式环境下,利用液体或浆状吸收剂(绝大多数呈碱性)脱除烟气中的 SO_2,传统湿法烟气脱硫技术具有脱硫效率高(>90%),吸收剂利用率高(>90%),设备运转率高的优点,但存在投资和运行维护费用较高、脱硫后产物处理较难、易腐蚀、结垢、造成二次污染、系统复杂、启停不便等问题,根据选用的脱硫原料不同,主要有石灰石-石膏法、氨法、钠碱法、双碱法、氧化镁法等。

(1)石灰石-石膏法

石灰石-石膏法的工艺原理:利用廉价的石灰石为原料,打浆制粉形成含5%~10%石灰石的浆液,将工业含 SO_2 烟气导入填料式吸收塔内,烟气中的 SO_2 与浆液中的碱性石灰石成分逆向喷淋反应后达标排放,生成以亚硫酸钙和硫酸钙为主要成分的脱硫石膏。工艺流程如图6-5所示。

工艺过程主要化学反应包括:

$$CaCO_3+SO_2+2H_2O \longrightarrow CaSO_3 \cdot 2H_2O+CO_2 \tag{6-7}$$

$$CaSO_3+SO_2+2H_2O \longrightarrow Ca(HSO_3)_2 \tag{6-8}$$

由于烟气中有 O_2,因此在吸收过程中会有氧化副反应发生:

$$2CaSO_3 \cdot \frac{1}{2H_2O}+O_2+3H_2O \longrightarrow 2CaSO_4 \cdot 2H_2O \tag{6-9}$$

$$Ca(HSO_3)_2+\frac{1}{2O_2}+H_2O \longrightarrow CaSO_4 \cdot 2H_2O+SO_2 \tag{6-10}$$

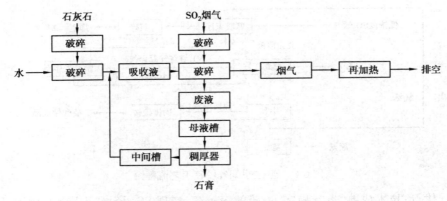

图 6-5　石灰石-石膏法烟气脱硫工艺流程图

优点:投资成本较低,脱硫效率较高,在 Ca/S 比大于 1 时,脱硫效率可高达 90% 以上;技术成熟,运行可靠;吸收剂价格低廉;适用范围广,可广泛用于大、中、小型各类锅炉和窑炉烟气脱硫治理。

缺点:工艺流程复杂,容易结垢堵塞管道;烟气中 SO_2 浓度波动较大时,石灰石量难以控制,直接影响脱硫效果;脱硫产物石膏渣产生量大,资源利用效果不佳;废渣堆放及拉运过程容易造成二次污染。

(2)氨法

氨法的工艺原理:氨法根据吸收液再生方法不同又可分为氨-酸法、氨-亚硫酸铵法和氨-硫铵法。其中氨-酸法工艺主要包括吸收、酸解、中和 3 个阶段,氨水吸收 SO_2 生成亚硫酸铵或亚硫酸氢铵,进一步酸解生成硫酸铵和 SO_2 或直接出售,酸解后得到的酸性溶液用氨水进行中和。工艺流程如图 6-6 所示。

工艺过程主要化学反应包括:

脱硫:$NH_3 + H_2O + SO_2 \longrightarrow NH_4HSO_3$ $\hspace{2cm}$ (6-11)

$\hspace{1cm} 2NH_3 + H_2O + SO_2 \longrightarrow (NH_4)_2SO_3$ $\hspace{2cm}$ (6-12)

$\hspace{1cm} (NH_4)_2SO_3 + SO_2 + H_2O \longrightarrow 2NH_4HSO_3$ $\hspace{2cm}$ (6-13)

酸解:$(NH_4)_2SO_3 + H_2SO_4 \longrightarrow (NH_4)_2SO_4 + SO_2 + H_2O$ $\hspace{1cm}$ (6-14)

$\hspace{1cm} 2NH_4HSO_3 + H_2SO_4 \longrightarrow (NH_4)_2SO_4 + 2SO_2 + 2H_2O$ $\hspace{0.5cm}$ (6-15)

中和:$2NH_3 + H_2SO_4 \longrightarrow (NH_4)_2SO_4$ $\hspace{2cm}$ (6-16)

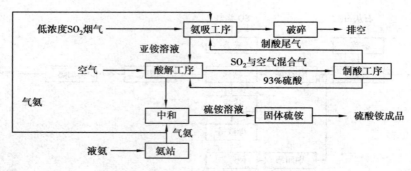

图 6-6 氨-酸法烟气脱硫工艺流程图

优点:技术成熟,运行稳定,脱硫效率较高;实现 SO_2 资源回用生产化肥,投资费用较低,能耗与运行成本低,并能在烟气脱硫同时实现部分脱硝功能,特别适用于化肥联产企业或者有氨水来源、副产物去向的企业烟气脱硫治理。

缺点:氨水来源及硫酸铵等副产物资源化利用会受到地域及生产行业的较大限制;氨易挥发污染环境,储存及运输管理存在较大风险,对运行设备也存在一定腐蚀作用。

(3)钠碱法

钠碱法的工艺原理:钠碱法是采用氢氧化钠或碳酸钠等碱性吸收剂溶液脱除烟气中的 SO_2 的方法。根据对吸收液的处理方法及副产物不同,钠碱法也可细分为亚硫酸钠法、亚硫酸钠循环法及钠盐-酸分解法等。工艺流程如图 6-7所示。

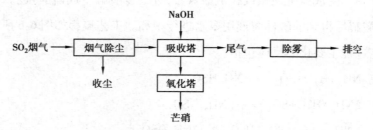

图 6-7 钠碱法烟气脱硫工艺流程图

工艺过程主要化学反应包括:

$$2NaOH+CO_2 \longrightarrow Na_2CO_3+H_2O \qquad (6-17)$$

$$Na_2CO_3+SO_2 \longrightarrow Na_2SO_3+CO_2 \qquad (6\text{-}18)$$

$$2NaOH+SO_2 \longrightarrow Na_2SO_3+H_2O \qquad (6\text{-}19)$$

$$Na_2SO_3+H_2O+SO_2 \longrightarrow 2NaHSO_3 \qquad (6\text{-}20)$$

主要副反应为氧化反应：

$$2Na_2SO_3+O_2 \longrightarrow 2Na_2SO_4 \qquad (6\text{-}21)$$

优点：NaOH 及 Na_2CO_3 与石灰石、氨相比，碱性更强，吸收 SO_2 时其亲合力更大，因此脱硫效率更高；而且钠盐的溶解度也比钙盐大，所以不会在设备中结垢或堵塞，系统国产化程度高，工艺流程简单，占地少，投资少，能耗低，运行稳定可靠，便于自动化控制，特别适用于有氯碱配套生产线的企业烟气脱硫应用。

缺点：脱硫吸收剂价格太高，副产物销路要有保障，运行成本较高。

（4）双碱法

双碱法的工艺原理：双碱法是用钠基或镁基碱性溶液作为吸收剂吸收烟气中的 SO_2，然后再用石灰对脱硫吸收液进行再生，再生液送回吸收塔循环使用，最终副产品是石膏。根据所选用的吸收剂和再生剂组分不同可分为钠碱双碱法、碱式硫酸铝-石膏法和 CAL 法。钠碱双碱法是以 NaOH 或 Na_2CO_3 溶液为第一阶段吸收剂，然后再用石灰或石灰石作为第二阶段再生剂处理吸收液，实现吸收剂再生循环使用。工艺流程如图 6-8 所示。

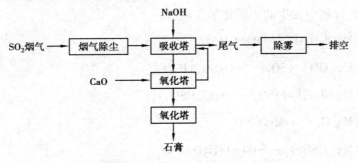

图 6-8　钠碱双碱法烟气脱硫工艺流程图

工艺过程主要化学反应包括：

脱硫：$2NaOH+CO_2 \longrightarrow Na_2CO_3+H_2O \qquad (6\text{-}22)$

$$Na_2CO_3+SO_2 \longrightarrow Na_2SO_3+CO_2 \tag{6-23}$$

$$2NaOH+SO_2 \longrightarrow Na_2SO_3+H_2O \tag{6-24}$$

$$Na_2SO_3+H_2O+SO_2 \longrightarrow 2NaHSO_3 \tag{6-25}$$

再生：$Na_2SO_3+CaO+H_2O \longrightarrow CaSO_3+2NaOH \tag{6-26}$

$$NaHSO_3+CaO \longrightarrow CaSO_3+NaOH \tag{6-27}$$

氧化：$CaSO_3+\dfrac{1}{2}O_2 \longrightarrow CaSO_4 \tag{6-28}$

优点：双碱法既具有钠碱法吸收脱硫效率高,不容易堵塞管道设备的优点,又克服了其运行成本高的缺点,消耗的是价格较低的石灰,系统国产化程度高。

缺点：相比钠碱法增加了再生装置,系统投资费用、占地面积、运行能耗等相应增大,设备运行腐蚀也较为严重,Na_2SO_4 随吸收液进入石膏中,影响副产品质量及市场销路。

（5）氧化镁法

氧化镁法的工艺原理:氧化镁脱硫技术反应机理与氧化钙的脱硫机理相似,利用氧化镁的碱性溶液吸收 SO_2,生成的亚硫酸镁和硫酸镁经过浆洗或在 660~870 ℃下煅烧回收 SO_2(10%~16%),经除尘后可用于制造硫酸,再生后的氧化镁重新循环利用,也可将生成的亚硫酸镁强制氧化生成七水硫酸镁产品。其工艺过程中发生的主要化学反应有:

脱硫：$MgO+H_2O \longrightarrow Mg(OH)_2 \tag{6-29}$

$$Mg(OH)_2+SO_2 \longrightarrow MgSO_3+H_2O \tag{6-30}$$

$$MgSO_3+H_2O+SO_2 \longrightarrow Mg(HSO_3)_2 \tag{6-31}$$

再生：$MgSO_3 \longrightarrow MgO+SO_2 \tag{6-32}$

$$Mg(HSO_3)_2 \longrightarrow MgO+H_2O+2SO_2 \tag{6-33}$$

$$2SO_2+O_2+2H_2O \longrightarrow 2H_2SO_4 \tag{6-34}$$

副产品选择生产七水硫酸镁,需要对脱硫产物进行强制氧化,主要反应有:

$$2MgSO_3+O_2 \longrightarrow 2MgSO_4 \tag{6-35}$$

$$MgSO_4 + 7H_2O \longrightarrow MgSO_4 \cdot 7H_2O \tag{6-36}$$

优点:相对于钙法脱硫而言,氧化镁化学反应活性要远远大于钙基脱硫剂,因此氧化镁的脱硫效率要高于钙法的脱硫效率,通常可达到 95% ~ 98%,吸收过程液气比小,脱硫剂可循环利用,烟气中 SO_2 可回收利用。

缺点:工艺路线较长,建设投资较大,占地面积较大,硫副产物硫酸镁利用价值不高,运行成本较大,且适用性较窄。

(6)其他方法

除以上 5 种外,现已工业化应用的烟气湿法脱硫工艺还有再生有机胺法、海水脱硫法、柠檬酸钠法、生物膜法和生物法等。

2)干法烟气脱硫技术

干法烟气脱硫技术(DFGD)是利用粉状或粒状吸收剂、吸附剂或催化剂除去 SO_2 的技术,具有无污水和废酸排出、设备腐蚀小、烟气在净化过程中无明显温降、净化后烟温高、利于烟囱排气扩散等优点,但脱硫效率低(30% ~ 50%)、反应速度较慢、设备庞大。干法是用固态吸收剂或固体吸收剂去除烟气中 SO_2 的方法,目前主要应用的有石灰石直接喷射法、循环流化床法(CFB-FGD)、活性焦法、新型炭催化法、电子束照射法、电化学法、金属氧化吸收法等,主要的干法脱硫剂有活性炭、分子筛、铁系脱硫剂、铜系脱硫剂、钙系脱硫剂等。

(1)石灰石直接喷射法

石灰石直接喷射法的工艺原理:石灰石直接喷射法是将石灰石或白云石的粉料直接喷入锅炉炉膛,高温煅烧成 CaO,与烟气中的 SO_2 反应生成脱硫石膏。工艺流程如图 6-9 所示。

喷射的石灰石在炉膛内停留时间很短,因此在这段时间内应完成煅烧、吸收、氧化的反应过程:

$$煅烧:CaCO_3 \longrightarrow CaO + CO_2 \tag{6-37}$$

$$吸收:CaO + SO_2 \longrightarrow CaSO_3 \tag{6-38}$$

$$2CaO + 2SO_2 + O_2 \longrightarrow 2CaSO_4 \tag{6-39}$$

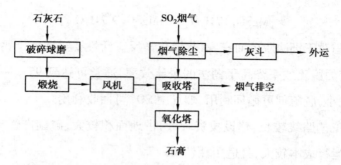

图 6-9　石灰石直接喷射法烟气脱硫工艺流程图

氧化：$2CaSO_3 + O_2 \longrightarrow 2CaSO_4$　　　　　　　　　　　　　　　　　（6-40）

优点：该法工艺流程短，所需设备少，投资费用小，运行过程无废水等产生。

缺点：反应过程 Ca/S 比高，脱硫率低，反应产物沉积在管束上，增大系统阻力，降低电除尘器效率等，一般只适用于中小锅炉及现有旧电厂锅炉脱硫改造。

（2）循环流化床法

循环流化床法的工艺原理：引用循环流化床原理，以石灰在现场消化所得到的 $Ca(OH)_2$ 细粉为吸收剂，吸收剂在反应器内反复循环，保证吸收剂与烟气有足够的接触时间，从而提高吸收剂的利用率。

优点：它不但具有一般干法脱硫工艺的许多优点，如流程短、投资小、占地少以及副产品可以资源化回用等，而且能在钙硫比很低（Ca/S＝1.1～1.2）的情况下达到与湿法脱硫工艺相当的脱硫效率，即95％左右。

缺点：能耗较大，运行成本高。

（3）活性焦法

活性焦法的工艺原理：在活性焦突出的吸附和催化特性作用下，烟气中的 SO_2、O_2 与水蒸气反应在活性焦表面生成吸附态 H_2SO_4，吸附 H_2SO_4 的活性焦通过加热再生后循环使用，释放出高浓度 SO_2 气体，可选择加工成硫酸、液体 SO_2 等化工产品。活性焦法包括吸附及再生两个过程，吸附 SO_2 的过程既包括物理吸附和化学吸附两种作用，主要反应包括（＊表示吸附态）：

物理吸附：$SO_2 \longrightarrow SO_2^{*}$　　　　　　　　　　　　　　　　　　（6-41）

$$O_2 \longrightarrow O_2{}^* \qquad\qquad (6\text{-}42)$$

$$H_2O \longrightarrow H_2O^* \qquad\qquad (6\text{-}43)$$

化学吸附：$2SO_2{}^* + O_2{}^* \longrightarrow 2SO_3{}^* \qquad (6\text{-}44)$

$$SO_3{}^* + H_2O^* \longrightarrow H_2SO_4{}^* \qquad\qquad (6\text{-}45)$$

加热再生：$2H_2SO_4 + C \longrightarrow 2SO_2 + 2H_2O + CO_2 \qquad (6\text{-}46)$

优点：脱硫过程无废水损耗及产生,脱硫效率高,脱硫剂可以循环使用,烟气中SO_2可回收利用,适用于缺水地区,尤其是高硫煤储量大的地区。

缺点：工艺复杂,投资较高,占地面积大,活性焦再生能耗较高,再生循环过程中会因变脆、机械磨损而粉化,自身损耗及运行成本费用较高。

（4）新型炭催化法

新型炭催化法的工艺原理：新型炭催化法脱硫技术是利用湿润条件下活性炭的化学催化作用,利用烟气中的SO_2、H_2O、O_2直接制酸实现废气脱硫处理,催化剂洗涤再生稀硫酸可用于制酸系统配酸处理。其催化脱硫反应的总方程式可以表示为：

$$2SO_2 + 2H_2O + O_2 \longrightarrow 2H_2SO_4 \qquad\qquad (6\text{-}47)$$

优点：工艺流程简单,投资少,占地面积很小,操作简单,脱硫效率高,脱硫剂可循环利用,烟气中SO_2可回收利用,运行过程无二次污染,适用范围广。

缺点：吸附剂磨损较大,反应和再生过程中均有活性炭的消耗,因此吸附剂损耗成本较高。

（5）电子束照射法

电子束照射法的工艺原理：电子束照射法是指采用电子束加速器照射烟气,增加烟气活性,然后向吸收塔中补氨,与SO_2反应生成硫铵和少量的硝铵,在吸收塔后部被吸收。

优点：可实现烟气脱硫脱硝一体化处理,一次性投资低,适用范围广,对环境无二次污染,实现了废气中SO_2和NO_x的资源综合利用。

缺点：处理烟气量较小,市场应用率低。

（6）其他技术

除上述干法烟气脱硫技术外,其他现已掌握的技术方法还有电化学法脱硫技术、金属氧化吸收法、催化氧化法、干钠注射法烟气脱硫工艺、气动脱硫技术等,但由于种种原因,目前工业化应用还很少。

3）半干法烟气脱硫技术

半干法烟气脱硫技术（SDFGD）综合了湿法烟气脱硫工艺和干法烟气脱硫工艺的优点,因而受到人们广泛的关注,目前应用比较多的是喷雾干燥法。

喷雾干燥法的工艺原理:将细雾状石灰浆液喷入烟道气与 SO_2 发生化学反应生成亚硫酸钙和硫酸钙,水分蒸发后粉状干料与飞灰及未反应的石灰组成的混合物,从应塔底部排出,脱硫率通常可达到 70% ～95% 。工艺流程图如图6-10 所示。

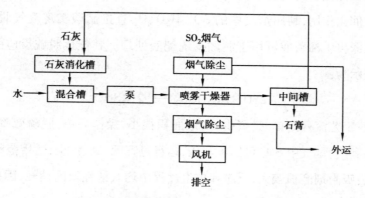

图 6-10　喷雾干燥法烟气脱硫工艺流程图

优点:投资少,工艺流程短,设备管线简单,反应过程无废水产生,不存在对设备的腐蚀,系统运行能耗低,适用于燃用低硫和中硫煤的电厂和烧结企业。

缺点:该法脱硫效率偏低,运行 Ca/S 高,适用范围受限。

国外发达国家在半干法烟气脱硫方面的研究很多,主要有炉内喷钙增湿活化法（LIFAC）,NID 半干式 FGD 工艺,旋转喷雾干燥法（SDA）,半干法 FGD 工艺,FLS-气体悬浮吸收塔 GSA 等。

6.2.3　酸性废水处理

酸性废水处理系统处理烟气净化工序产生的硫酸铵废水。采用石灰乳沉硫、汽提回收氨工艺,副产品为氨含量约18%的氨水溶液和石膏渣,氨水送至电解锰车间,石膏渣送至现有的石膏制酸系统,实现氨、硫资源的回收利用。脱氨水部分用于石膏洗涤,部分外排至废水深度处理。废水深度处理采用预处理+超滤+反渗透工艺,产生的新水回用,浓盐水送至现有的浓盐水处理系统进一步处理。

具体处理工艺:净化工序的硫酸铵废水中硫酸铵浓度约为30%,首先进入反应器,与来自石灰乳制备系统的石灰乳反应,废水中的硫酸根离子与钙离子结合,生成硫酸钙沉淀,同时释放出游离氨,送氨气吸收塔,制取浓氨水。

反应充分的浆料送多级浆料脱氨塔进行预脱氨,以来自汽提脱氨塔的含氨蒸汽为汽提气,与含氨浆料逐级逆流汽提,脱除液相中的绝大部分氨。出塔含氨蒸汽经精馏塔、塔顶冷凝器,产生氨气送氨气吸收塔,制取浓度约为18%的浓氨水。

含有微量残余氨的浆液进入石膏脱水机,脱除浆料中的固相沉淀物。滤液进入加药池,加入适量碳酸钠溶液,将溶液中微量钙离子反应生成碳酸钙沉淀。经沉淀池浓缩后,浓相送入石膏脱水机,清液溢流至清液池。石膏脱水机得到的二水合硫酸钙经脱氨水洗涤后,统一处理。

清液经原料预热器升温后进入汽提脱氨塔,以导热油为热源,通过塔釜再沸器产生汽提蒸汽,将废水中氨氮脱除至 15 mg/L 以下。高温脱氨水经原料预热器冷却后,部分外排至废水深度处理工序,部分用于石膏的洗涤。

汽提脱氨塔塔顶含氨蒸汽送多级浆料脱氨塔,作为汽提气使用。

来自塔顶冷凝器的浓氨气及来自反应器、反应循环罐的含氨气体,一起进入氨气吸收塔,用工艺水喷淋吸收,产生浓氨水。由于进塔气相中含有少量蒸汽,氨气溶于水过程中放热,使得浓氨水的温度会升高。因此,氨气吸收塔配套有浓氨水冷却器,采用循环水冷却,以控制氨气吸收塔内的反应温度在 45 ℃ 以下。经过氨气吸收塔吸收后剩余的不凝气体自塔顶排放。

部分脱氨水进入废水深度处理系统后,首先需要进行预处理,去除废水中的固体杂质、胶体物质、有机物、微生物、调节废水的 pH 值、稳定反渗透的进水量等,为后续的反渗透处理创造条件,确保反渗透装置的稳定运行,并具有合理的使用寿命。预处理的废水进入反渗透装置,去除绝大部分无机盐、有机物、微生物、细菌等杂质,产出水的水质达到回用水标准,返回系统继续使用,浓盐水排出界区,送现有的废水处理站统一处理。

6.3　锰矿脱硫制备金属锰

6.3.1　概述

氧化锰矿湿法脱硫是利用矿物中的 MnO_2 和 SO_2 反应脱除烟气中的硫的方法,其是在 SO_2 溶液浸取软锰矿的基础上引申、发展而来的。国内外已有大量学者对锰矿脱硫工艺进行了研究,取得较为满意的脱硫效果和硫酸锰产品。对于电解锰生产企业来说,除锰渣处理问题外,电解阳极液的有效回用直接关系到生产成本的高低。若能实现阳极液在锰矿脱硫中的配浆使用,将极大地提高锰的利用率,降低生产成本。但是,已有研究主要集中于用水配浆的脱硫工艺研究,很难达到脱硫工艺与电解锰企业生产工艺有效结合。

目前为实现电解阳极液的循环配浆并满足 SO_2 脱硫达标排放与高锰浸出率的要求,并结合电解锰行业生产工艺特点和锰渣煅烧烟气高浓度 SO_2 特性,产生了以氧化锰矿为脱硫原料,电解阳极液配浆直接脱硫的新工艺,该工艺集脱硫浸锰为一体,与传统的硫资源利用方式相比,省去了二氧化硫制备硫酸、氧化锰矿还原焙烧硫酸酸浸锰矿 3 个工艺单元,投资和运行成本显著降低,将为电解锰行业的生产开辟一条新路,具有较好的应用前景。

6.3.2　锰矿脱硫制备金属锰工艺路线

1)锰矿脱硫制备硫酸锰电解液

锰氧化物矿物颗粒在脱硫过程中主要有表面吸附、氧化还原、催化效应和纳米效应 4 种作用方式,采用一定粒度的锰矿矿粉与阳极液按照一定的液固比配制成吸收剂,采用喷淋或鼓泡的方式使含二氧化硫烟气与吸收剂直接接触反应以去除烟气中的 SO_2,吸收的二氧化硫通过一系列的化学反应生成硫酸锰,从而达到去除烟气中 SO_2 和制备硫酸锰的过程。脱硫用氧化锰矿为块状,经磨机磨制为 90% 通过 200 目的细颗粒,与电解后产生的阳极液一起制成锰浆,由泵送入喷淋吸收塔,与烟气中的 SO_2 发生反应。氧化锰矿浆在脱硫吸收塔内的流动与烟气逆流进行,新鲜的氧化锰矿浆在最后一级加入,反向逐级流入前一级吸收塔,最后从第一级脱硫吸收塔排出。烟气和浆液的这种流动方式能够保证系统具有较高的脱硫效率以及高的锰浸出率。

氧化锰烟气脱硫的化学反应是一个多影响因素的、复杂的过程,可分述如下。

(1)SO_2 溶于浆液

烟气中 SO_2 随烟气与浆液接触后,立即发生溶解,进入液相,存在下述平衡:

$$SO_2(g) \Longrightarrow SO_2(L) \tag{6-48}$$

$$SO_2(L) + H_2O \Longrightarrow H^+ + HSO_3^- \tag{6-49}$$

$$HSO_3^- \Longrightarrow H^+ + SO_3^{2-} \tag{6-50}$$

上述第一步平衡离解常数为 $K_1 = 1.7 \times 10^{-2}$,第二步平衡离解常数为 $K_2 = 6.3 \times 10^{-8}$(25 ℃下)。可见在酸性溶液中 S(Ⅳ)主要呈 HSO_3^- 型态,图 6-11 表明无自由的 H_2SO_3 存在这种情况,能顺利地发生氧化还原反应。

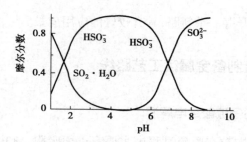

图 6-11　pH 值与 S(Ⅳ)型态关系

（2）MnO_2 氧化 SO_2

溶液中的 S(Ⅳ)与矿粉中 MnO_2 会发生以下反应：

$$MnO_2+SO_2 \cdot H_2O \longrightarrow MnSO_4+H_2O \tag{6-51}$$

$$MnO_2+2SO_2 \cdot H_2O \longrightarrow MnS_2O_6+2H_2O \tag{6-52}$$

上述第一个反应为主反应，第二个反应为副反应。反应温度高些，可抑制第二个反应的进行。由于亚硫酸的还原性较强，且 MnO_2 具有强氧化性，第一个反应能进行得很彻底。

（3）O_2 催化氧化 SO_2

在酸性环境中，过渡金属离子对 SO_2 的氧化起到促进作用。Mn^{2+} 的存在，使得催化反应得以进行，诱发了链式反应的进行：

$$SO_2(L)+H_2O \Longleftrightarrow H^++HSO_3^- \text{ 平衡 } Mn^{2+}+HSO_3^- \Longleftrightarrow MnHSO_3^+ \tag{6-53}$$

$$2Mn^{2+} \Longleftrightarrow Mn_2^{4+} \tag{6-54}$$

链引发：$Mn_2^{4+}+HSO_3^- \longrightarrow Mn_2HSO_3^{3+} \tag{6-55}$

$$Mn_2HSO_3^{3+}+O_2 \longrightarrow 2Mn(Ⅱ)+OH^\cdot+SO_4^{-\cdot} \tag{6-56}$$

$$OH^\cdot+HSO_3^- \longrightarrow H_2O+SO_3^{-\cdot} \tag{6-57}$$

链传递：$SO_4^{-\cdot}+HSO_3^- \longrightarrow HSO_4^-+SO_3^{-\cdot} \tag{6-58}$

$$O_2 \longrightarrow SO_5^{-\cdot} \tag{6-59}$$

$$SO_5^{-\cdot}+HSO_3^- \longrightarrow SO_4^{-\cdot}+HSO_4^- \tag{6-60}$$

$$MnHSO_3^++HSO_3^- \longrightarrow Mn(HSO_3)_2 \tag{6-61}$$

$$Mn(HSO_3)_2+O_2 \longrightarrow Mn(Ⅱ)+2HSO_4^- \tag{6-62}$$

链终止：$SO_5^{-\cdot}$+有机物——→惰性产物 (6-63)

总反应式：$2SO_2 \cdot H_2O+O_2 \Longrightarrow 2H_2SO_4$ (6-64)

此外，氧化锰中含有大量的铁和溶液中的 Fe(Ⅱ)和 Fe(Ⅲ)也会催化 O_2 对 SO_2 的氧化作用。

（4）MnS_2O_6 的分解

MnO_2 氧化 SO_2 过程中产生的 MnS_2O_6 很不稳定，在催化氧化产物 H_2SO_4 的作用下，会有下列反应：

$$MnS_2O_6+H_2SO_4 \longrightarrow MnSO_4+H_2S_2O_6 \quad (6-65)$$

$$H_2S_2O_6 \longrightarrow H_2SO_4+SO_2 \quad (6-66)$$

其中，第二个反应式是不希望发生的，因而应控制适当温度，抑制 MnS_2O_6 的产生。

（5）深度浸锰

为保证锰浸出率达到93%，工艺可设置深度浸锰槽。从吸收塔排出的浆液经泵打入深度浸锰槽。在槽内加入硫酸并加热，使锰浆中的锰进一步浸出，达到93%及以上。深度浸锰出来的浆液，含锰量在 45 g/L 以上。

深度浸锰后的浆液送进净化工段处理：

①将浸出反应料浆进行一次压滤，固液分离出浸出滤液。

②将分离出的浸出滤液，进行中和后，进行氧化除铁。

③调整 pH 值后，进行硫化除重金属。

④进行二次压滤。

⑤进行静置分离。

⑥三次压滤。

浆液经上述一系列工艺制备为电解液，再进入电解槽进行电解制得电解锰。

2）硫酸锰溶液电解生成金属锰

锰是高负电势的金属，自美国矿业局 20 世纪 20 年代提出隔膜电解法生产金属锰以来,全世界一直采用中性 $MnSO_4$-$(NH_4)_2SO_4$-H_2O 系阴极液进行隔膜电解。电解中必须调氨和添加抗氧剂。

(1)工艺原理

国内金属锰电解均采用不锈钢板或钛板作阴极,选用铅锑锡银四元合金、铅锡银三元合金或铅多元合金板为阳极。

电解总反应式为:

$$2MnSO_4+2H_2O \rightleftharpoons 2Mn+O_2+2H_2SO_4 \qquad (6\text{-}67)$$

即在阴极上析出 Mn,在阳极上析出 O_2,同时产出含 H_2SO_4 的电解阳极液。废电解阳极液返回浸出使用。

电解是在木制假底钢筋水泥 PVC 衬里的电解槽与新型 RPP 焊接电解槽、树脂浇注电解槽、或玻璃电解槽中进行。

电解液成分与电解技术条件:

高位液(新液)Mn^{2+}	36 ~ 40 g/L
阴极液 Mn^{2+}	14 ~ 15 g/L
$(NH_4)_2SO_4$	90 ~ 100 g/L
pH 值	7.0 ~ 7.2
温度	38 ~ 44 ℃
SeO_2(Se 计)	0.03 ~ 0.04 g/L
阴极电流密度	350 ~ 400 A/m²
阳极电流密度	600 ~ 700 A/m²
槽电压	4.2 ~ 4.6 V
同名极距	68 ~ 70 mm
电解周期	24 h

(2)金属锰电解阳极过程的电化学反应

目前电解金属锰一般采用 Pb-Sb-Sn-Ag 四元合金作阳极,在阳极上同时发生析 MnO_2 与析 O_2 两个竞争反应:

$$Mn^{2+}+2H_2O-2e^- \longrightarrow MnO_2+4H^+ \tag{6-68}$$

当 $[Mn^{2+}]=1$ mol L^{-1}，$\phi_{25(MnO_2)}^{\theta}=1.229$ V 时

$$\phi_{25}=1.229-0.119\ 2pH$$

$$\phi_{100}=1.182\ 4-0.148pH$$

$$2H_2O-4e^- \Longrightarrow O_2+4H^+ \tag{6-69}$$

当 $\rho_{o2}=101$ kPa 时，$\phi_{25(O_2)}^{\theta}=1.229$ V

$$\phi_{25}=1.229-0.059\ 1pH$$

$$\phi_{100}=1.167-0.074pH$$

钟竹前、梅光贵绘制了 $MnSO_4$-H_2SO_4 系 ϕ-温度图，如图 6-12 所示。

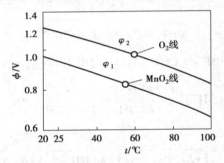

图 6-12 $MnSO_4$-H_2SO_4 系 ϕ-温度图（$[SO_4^{2-}]_T=2$ mol L^{-1}，$[H^+]_T=0.04$ mol L^{-1}）

（3）金属锰电解阴极过程电化学反应与电化平衡

负电极化条件下，在不锈钢阴极上将发生两个相互竞争的电化学反应：

$$Mn^{2+}+2e^- \longrightarrow Mn \tag{6-70}$$

$$\phi_{Mn^{2+}/Mn}=-1.179\ 5+0.029\ 51lg[Mn^{2+}]$$

$$2H^{2+}+2e^- \longrightarrow H_2(g) \tag{6-71}$$

$$\phi_{H^+/H_2}=-0.059\ 1pH$$

基于锰电解生产中均采用 $MnSO_4$-$(NH_4)_2SO_4$-H_2O 系电解液，提出了电荷平衡、总氨平衡和 Mn^{2+} 水解平衡，并进行热力学计算。

①电荷平衡：设溶液中 $[MnSO]_4=A$，$[(NH_4)_2SO_4]=B$，加入 NH_3 后，NH_3 与 Mn^{2+} 生成 $Mn(NH_3)^{2+}$ 和 $Mn(NH_3)_2^{2+}$ 两种配合物，其生成常数分别为：

$$\beta_1 = 6.03, \beta_2 = 20$$

则 Mn^{2+} 的浓度：

$$[Mn^{2+}] = \frac{A}{1+\beta_1[NH_3]+\beta_2[NH_3]} \quad (6.6)$$

根据电荷平衡：

$$2[Mn^{2+}]_T + [H^+] + [NH_4^+] = [OH^-] + 2[SO_4^{2-}]_T \quad (6.7)$$

$$2A + [H^+] + [NH_4^+] = [OH^-] + 2[A+B] \quad (6.8)$$

$$[H^+] + [NH_4^+] - [OH^-] - 2B = 0 \quad (6.9)$$

$$[H^+] + [NH_3]\frac{[H^+]}{[K]}\frac{K_W}{[H^+]} - 2B = 0 \quad (6.10)$$

$$K = 1.862 \times 10^9, K_W = 10^{-14}$$

$$[H^+]^2(1+K[NH_3]) - 2B[H^+] - K_W = 0 \quad (6.11)$$

$$[H^+]^2 - \frac{2B[H_-^+]}{1+K[NH_3]} - \frac{K_W}{1+K[NH_3]} = 0 \quad (6.12)$$

$$[H^+] = \frac{B}{1+K[NH_3]} + \sqrt{\frac{B^2}{1+K[NH_3]^2} + \frac{K_W}{1+K[NH_3]}} \quad (6.13)$$

②总氨的平衡为：

$$[NH_3]_T = 2B + [NH_3]_{加入} = [NH_3] + [NH_4^+] + (\beta_1[NH_3] + 2\beta_2[NH_3]^2) \cdot [Mn^{2+}] \quad (6.14)$$

则有：

$$[NH_3]_{加入} = [NH_3] + [NH_3]\frac{[H^+]}{[K]} + \frac{A(\beta_1[NH_3] + 2\beta_2[NH_3]^2)}{1+\beta_1[NH_3] + \beta_2[NH_3]^2} - 2B \quad (6.15)$$

（c）Mn^{2+} 水解平衡

$$pH\theta = 7.653$$

$$pHA = 7.653 - \frac{1}{2}\lg[Mn^{2+}] \quad (6.16)$$

（4）金属锰电势对氢电势之差 ϕ 值

$$\phi = -1.179\ 5 + 0.029\ 5\ \lg[\text{Mn}^{2+}] + 0.059\ 1\text{pH} \tag{6.17}$$

基于上述公式(6-76)—式(6-87)进行计算,我们可作出图 6-13—图 6-15。

图 6-13 为 $\text{Mn-NH}_3\text{-SO}_4^{2-}\text{-H}_2\text{O}$ 系 ϕ-pH 图。从图 6-13 可见:

①在 $\text{MnSO}_4\text{-(NH}_4)_2\text{SO}_4\text{-H}_2\text{O}$ 系溶液中添加氨可增大溶液的稳定性,即 Mn^{2+} 的水解 pH 增大,金属锰的电势变负。

②添加氨溶液 pH 增加,氢电极电势比金属锰下降程度要大得多,即电势差值增加,有利于 Mn 的优先电还原析出。

③氨的增加量是有限度的,对于 $[\text{MnSO}_4] = [(\text{NH}_4)_2\text{SO}_4] = 1$ mol/L 的溶液,$[\text{NH}_3]$ 加入等于 0.408 9 mol/L。

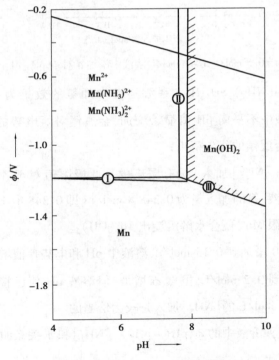

图 6-13 $\text{Mn-NH}_3\text{-SO}_4^{2-}\text{-H}_2\text{O}$ 系 ϕ-pH 图

25 ℃,$A = [\text{MnSO}_4] = 1$ mol/L,$B = [(\text{NH}_4)_2\text{SO}_4] = 1$ mol/L,ϕ_{Mn} 与 III 线交点 $[\text{NH}_3]$ 加入 $= 0.408$ 9 mol/L。注:图中划引线的为加氨后的稳定区。

图 6-14 为 $A=0.5$ mol/L, $B=1$ mol/L 溶液中添加氨对 ϕ, pH, pH$_A$ 的影响曲线。从图 6-14 可以看出:

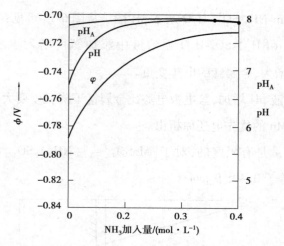

图 6-14 $A=0.5$ mol/L, $B=1$ mol/L 溶液中添加氨对 ϕ, pH, pH$_A$ 值的影响

①在 $MnSO_4$-$(NH_4)_2SO_4$-H_2O 系添溶液中加氨的效果为:开始时游离氨 $[NH_3]$ 增加,溶液中不平衡 pH 值显著增加,金属锰对氢电势的差值 ϕ 显著上升,表明有利于金属锰的优先析出;

②加入氨量($[NH_3]$ 加入)是有限度的。此极限值对于 $A=0.5$ mol/L 和 $B=1$ mol/L 的溶液,氨的加入量为 0.3488 mol/L(即 $0.3488×17=5.930$ g/L)。氨加入超过此极限 Mn^{2+} 便会水解沉淀出 $Mn(OH)_2$。

③$[NH_3]$ 由 0 增加到 0.15 mol/L,溶液中 pH 和电势差值增加幅度很大,但当 $[NH_3]$ 加入大到 0.2 mol/L,虽然 ϕ 增加,但溶液 pH 值已接近 Mn^{2+} 水解的 pH$_A$ 值,表明 0.2 mol/L 的 $[NH_3]$ 加入是较为恰当的。

图 6-15 为各种溶液中的 ϕ, pH($=pH_A$)、$[NH_3]$ 和 ϕ 关系曲线,从图可以看出溶液成分的影响。

①当固定 A,即 $[Mn^{2+}]_T=0.5$ mol/L,溶液平衡 pH 等于 Mn^{2+} 水解平衡 pH$_A$($pH=pH_A$)时,增加 B(即 $(NH_4)_2SO_4$ 浓度)由 0.75 mol/L 上升到 1.2 mol/L 时,导致增加以及 pH$_A$ 增加(由 7.885 上升到 7.9548),表明电解液必须维持高

的(NH$_4$)$_2$SO$_4$ 含量,一般保持 140 g/L,即 $B=1$ mol/L。

②当固定 B,即(NH$_4$)$_2$SO$_4=1$ mol/L 时,降低 A 即[Mn]$_T$ 由 1 mol/L 下降到 0.5 mol/L,导致的结果是 pH$_A$ 增加,由 7.731 3 上升到 7.922 5,表明电解液宜采用低的锰含量。

③随着溶液中 B 量增加,一方面氨添加量增加,另一方面溶液中游离氨含量[NH$_3$]也增加,pH 值增加就必然会导致较多的氨挥发损失。

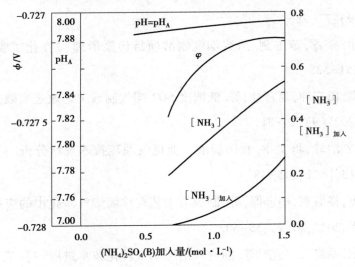

图 6-15　当 $A=0.5$ mol L^{-1},增加 B 对平衡 ϕ、pH$_A$、[NH$_3$]和[NH$_3$]加入的影响

总之,金属锰电解生产实践中,总是力图采用高的(NH$_4$)$_2$SO$_4$(B)和低的 Mn 含量(A)阴极液,添加氨可提高 pH 值。因为 pH 值增加不仅有利于电化平衡所阐明的 Mn(较之 H$_2$)的优先析出,而且在动力学方面也有利于增加氨的超电压,抑制 H$_2$ 的析出,从而提高阴极电流效率。以上从电荷平衡原理阐明了锰电解过程的电化平衡,定量计算说明了(NH$_4$)$_2$SO$_4$ 对阴极液的缓冲作用以及调氨对调节 pH 值的重要作用。

参考文献

[1] 刘一鸣,董四禄,肖万平.电解锰渣煅烧含氨烟气制酸系统的设计[J].有色设备,2021(1):39-42.

[2] 张海燕,杨飞豹.高温煅烧电解锰渣资源化利用途径探究[J].节能与环保,2021(9):77-78.

[3] 周圣兵,张鑫,董玉剑.冶炼烟气制酸项目污染治理[J].化工管理,2021(35):51-52.

[4] 魏瑞霞,田三坤,赵新社,等.低浓度 SO2 烟气制酸工艺改进实践[J].硫酸工业,2021(9):29-31.

[5] 程婷,刘洁岭,蒋文举.我国硫酸工业尾气脱硫技术现状分析[J].四川化工,2013,16(1):45-48.

[6] 刘金英,杨海东,杨金保,等.制硫酸工艺在球团烟气净化中的应用[J].矿业工程,2022,20(1):55-60.

[7] 李山东,毛艳丽,马莹,等.国内外冶炼烟气转化技术进展[J].硫磷设计与粉体工程,2021(2):18-21.

[8] 周圣兵,张鑫,董玉剑.冶炼烟气制酸项目污染治理[J].化工管理,2021(35):51-52.

[9] 侯海明,程华花,张永虎,等.冶炼烟气制酸系统酸性废水及其治理措施[J].硫磷设计与粉体工程,2021(5):24-27.

[10] 姜子燕,谢成,姚玉婷,等.冶炼烟气制酸脱硫工艺现状概述[J].硫酸工业,2019(12):29-32.

[11] 周开敏,余俊学,缪忠和,等.冶炼烟气制酸装置污酸回用工艺[J].硫酸工业,2020(5):39-42.

[12] 程婷,刘洁岭,蒋文举.我国硫酸工业尾气脱硫技术现状分析[J].四川化

工,2013,16(1):45-48.

[13] 王丁,杜蓉,黄天龙.浅析某有色冶炼企业冶炼烟气及制酸系统风险防范措施[J].甘肃冶金,2022,44(1):106-109.

[14] 魏疆.乌鲁木齐市硫酸盐化速率关键影响因子分析[J].中国环境监测,2012,28(5):16-19.

[15] 张军,刘赟,王萍,等.污染源废气监测的安全防护问题[J].中国环境监测,2001,17(2):52-54.

[16] 李兆钧,刘建萍,李兆宏,等.铜冶炼烟气制酸净化设备、管道结晶分析及对策[J].有色冶金节能,2022,38(1):66-70.

[17] 陈圆圆.固定源硫酸雾国内外采样方法优劣分析[J].中国环境监测,2015,31(4):95-99.

[18] 杨尚睿.二氧化硫对离子色谱法测定硫酸雾的影响探讨[J].清洗世界,2019,35(8):32-33.

[19] 杨雪梅,林玉,白正伟.钍试剂滴定法测定硫化催化裂化烟气中二氧化硫和三氧化硫的含量[J].理化检验-化学分册,2015,51(7):893-896.

[20] 刘清安,史成武,桃李,等.N-(2-羟乙基)哌嗪溶液吸收/解吸 SO2 的性能研究[J].合肥工业大学学报(自然科学版),2010,33(1):117-121.

[21] 陈锋.低浓度 SO2 烟气有机胺脱硫及再生研究[D].长沙:中南大学,2013.

[22] 刘清安.可再生胺湿法烟气脱硫的研究[D].合肥:合肥工业大学,2010.

[23] 赵媛媛,陈玉琴,王重斌,等.一种有机胺脱硫剂的合成研究[J].山东化工,2013,42(4):28-31.

[24] 张亚通,王晓承,李立.可再生有机胺烟气脱硫试验研究[J].河北科技大学学报,2012,33(2):179-183.

[25] 邱正秋,黎建明,张金阳,等.有机胺法烟气脱硫技术现状与发展[C]//烧结工序节能减排技术研讨会文集.三明,2009:240-244.

［26］刘昭. 柠檬酸钠法烟气脱硫工艺的研究［D］. 北京:北京化工大学,2013.

［27］邵鲁华,黄冲,潘一,等. 烟气脱硫处理技术研究进展［J］. 当代化工,2013,42(3):313-315.

［28］王艳锦,郑正,周培国,等. 生物法烟气脱硫技术研究进展［J］. 中国电力,2006,39(6):56-60.

［29］高全娥. 对邯郸热电厂脱硫方案的分析与研究［D］. 太原:太原理工大学,2007.

［30］王会宁,丁建亮. 流化床烟气脱硫反应器内气固流场数值模拟与分析［J］. 节能技术,2014,32(4):324-326.

［31］肖荣. 半干法烟气脱硫工艺中脱硫塔内部流态的数值模拟［D］. 沈阳:东北大学,2009.

［32］冯芝勇,邱远鹏,曹汝俊,等. 铜冶炼烟气生产蓄电池级硫酸技术的应用［J］. 有色金属(冶炼部分),2022(3):94-98.

［33］刘亮. 冶炼烟气制酸尾气脱硫装置的优化［J］. 硫酸工业,2021(11):10-12.

［34］吴昌考,杞学峰,普荣生,等. 铜冶炼烟气调控生产实践［J］. 中国金属通报,2021(6):22-24.

［35］刘珊珊,谢桂芳,李传祥. 双氧水法脱硫在冶炼烟气制酸系统中的应用［J］. 硫酸工业,2020(10):38-41.

第 7 章　展　望

国民经济和人民生活的高质量发展对钢铁、新能源等产业提出了新要求，推动了战略金属锰需求的日益增长。我国优质锰资源消耗殆尽，高品位锰矿几乎全依赖进口，但我国仍有巨量的低品位锰资源无法有效利用。复杂地缘政治格局严重影响锰资源安全供给，同时锰资源开发利用产生大量锰渣，严重威胁区域生态环境安全，制约了我国锰产业高质量发展。

电解锰渣的资源化综合利用是一个非常迫切的任务，锰渣堆存容易造成大面积占地、土壤与水域污染的风险。我国是世界最大的电解锰生产国、消费国和出口国，电解锰产能、产量均占世界的 97% 以上，锰资源是我国重要的战略矿产资源。我国锰渣历史堆存量已超 1 亿 t，现存堆场超 300 个，低品位锰矿采冶产生的锰渣等固体废物污染是制约行业发展的主要瓶颈。一是固体废物产生量大，污染重风险高。生产 1 t 金属锰产生 8 ~ 10 t 锰渣，由于技术和经济原因，目前锰渣的处置方式仍以堆存填埋为主。二是锰渣库污染环境风险高。部分锰渣库周边河流锰、氨、氮等超标严重。此外，我国多数电解锰企业未考虑锰渣渗滤液治理及锰渣污染治理等费用，在生态环境保护上没算长远账和整体账。三是锰渣资源化技术产业化困难。目前全国锰渣资源化年综合利用率不到 5%，全国仅一家企业建成投产以高温煅烧联合水泥窑的锰渣协同处理生产线，此外，电解锰企业大多地处偏远山区，限制了锰渣再生产品的本地消纳能力，而交通不便也限制了外运利用的市场竞争力。

　　2021 年 7 月,国家发展改革委、工业和信息化部、自然资源部、生态环境部联合印发的《关于加强锰污染治理和推动锰产业结构调整的通知》提出,优化调整电解金属锰产业政策,在全国进一步加强锰污染治理和锰产业结构调整,并要求生态环境部制定《锰渣污染控制技术规范》,明确锰渣污染防治"底线"。2022 年 3 月出台《锰渣污染控制技术规范》(HJ 1241—2022)主要规定了锰渣污染控制技术要求以及监测和环境管理要求,为推动锰行业绿色健康发展、强化锰渣全过程污染防治提供技术支撑。该规范中再次强调锰渣应满足《一般工业固体废物贮存和填埋污染控制标准》(GB 18599—2020)中的要求,不满足的应先进行预处理。而目前利用国内低品位锰矿生产电解锰排放的电解锰渣很难达到国家标准 GB 18599—2020 的要求,必须对电解锰渣进行预处理。

　　随着环保执行力度逐步加大,部分地区已经制定"以渣定产"政策,各地环境生态部门开始逐步按照 GB 18599—2020 的要求管理电解锰渣的排放,对于利用国内本地低品位碳酸锰矿生产电解锰的企业,特别是"锰三角"地区的电解锰生产企业,将面临急切的电解锰渣处置需求。目前电解锰锰渣预处理技术主要有湿法水洗和火法焙烧两大方向。湿法水洗技术由于电解锰渣存在硫酸锰镁铵等复盐,导致用水量大,水循环过程镁的累积导致溶液黏度大,无法进一步循环利用,无法做到水平衡,废水处理导致其经济可行性较低;火法焙烧技术主要有中温焙烧和高温被烧,本书介绍的电解锰渣高温转化就是对锰渣先进行预处理,然后生产水泥或作为替代原料用于其他建筑材料产品,为锰渣处理产物作为原料获得市场认可提供了可能,有利于进一步推动锰渣综合利用技术实现产业化。但是,限于现有锰产业的经济因素和技术因素,火法焙烧的工艺技术、运行效益仍有进一步提升的空间。其余各种电解锰渣资源化利用技术仅限于实验室阶段和扩大中试阶段,其技术合理性和经济可行性仍待进一步验证,距其产业化应用还有一定的距离。总之,电解锰渣的无害化资源化利用是支撑我国锰产业可持续发展的重要保障,总体需要技术可行、经济合理,更需要科技、产业、政府等多部门协调配合,其必然任重道远。